AF901666

Beth Chatto

RIGHT Plant RIGHT Place

Beth Chatto

RIGHT *Plant* RIGHT *Place*

Beth Chattos Ideen für nachhaltig bepflanzte Gärten

Mit Fotografien von Steven Wooster
Aus dem Englischen von Ralf Carls
und Claudia Arlinghaus

ulmer

Die englische Originalausgabe erschien 1989 unter dem Titel *The Green Tapestry*. Diese überarbeitete und aktualisierte Ausgabe erschien 2021 Berry & Co (Publishing) Ltd; www.berrypublishing.co.uk
© 2021 Berry & Co (Publishing) Ltd
Text © Beth Chatto/Beth Chatto Education Trust 1989, 2021

Die in diesem Buch enthaltenen Empfehlungen und Angaben sind von den Autoren mit größter Sorgfalt zusammengestellt und geprüft worden. Eine Garantie für die Richtigkeit der Angaben kann aber nicht gegeben werden. Autoren und Verlag übernehmen keine Haftung für Schäden und Unfälle. Bitte setzen Sie bei der Anwendung der in diesem Buch enthaltenen Empfehlungen Ihr persönliches Urteilsvermögen ein. Der Verlag Eugen Ulmer ist nicht verantwortlich für die Inhalte der im Buch genannten Websites.

Anmerkung zur Schreibweise (Gendering): Gendergerechtigkeit und Inklusion sind bei uns gelebte Praxis – bei der Auswahl unserer Themen, bei der Recherchearbeit, in der Gestaltung. Unsere Texte meinen alle. Damit unsere Inhalte jedoch gut lesbar bleiben, verzichten wir in diesem Werk auf die jeweilige Mehrfachnennung oder Anpassung der Schreibweise bestimmter Bezeichnungen an die weibliche, männliche oder diverse Form.

Bibliografische Information der Deutschen Nationalbibliothek
Die Deutsche Nationalbibliothek verzeichnet diese Publikation in der Deutschen Nationalbibliografie; detaillierte bibliografische Daten sind im Internet über http://dnb.d-nb.de abrufbar.

Das Werk einschließlich aller seiner Teile ist urheberrechtlich geschützt. Jede Verwertung außerhalb der engen Grenzen des Urheberrechtsgesetzes ist ohne Zustimmung des Verlages unzulässig und strafbar. Das gilt insbesondere für Vervielfältigungen, Übersetzungen, Mikroverfilmungen und die Einspeicherung und Verarbeitung in elektronischen Systemen.

© 2023 Eugen Ulmer KG
Wollgrasweg 41,
70599 Stuttgart (Hohenheim)
E-Mail: info@ulmer.de
Internet: www.ulmer.de
Projektleitung: Doris Kowalzik
Übersetzung: Ralf Carls (Originalausgabe), Claudia Arlinghaus (Neuauflage)
Herstellung: Silke Reuter
Umschlaggestaltung: Anette Vogt, www.redsign.de, Stuttgart
Satz: r&p digitale medien, Echterdingen

Printed and bound in China

ISBN 978-3-8186-2034-9

INHALT

Bild Seite 1: Üppiges, kontrastreiches Blattwerk überzieht im Frühsommer die feuchten Böden in Teichnähe.

Bild Seite 2: Blick durch den gleich zu Anfang angelegten Mediterranen Garten, den heutigen Kleinen Kiesgarten, in dem Salbei und weiße Königskerze vertikale Akzente setzen, assistiert von *Verbena bonariensis*.

Links: Mauerpfeffer, Thymian und dickfleischige Hauswurz überziehen die Hochbeete im Kleinen Kiesgarten ganzjährig mit einem dichten, bunten Webteppich.

VORWORT

Als Beth Chattos Enkeltochter und Mitglied des Leitungsteams von *Beth Chatto's Plants and Gardens* – dem von meiner Großmutter gegründeten Unternehmen – ist es mir eine große Freude, die überarbeitete Neuauflage ihres Buchs *The Green Tapestry* (Im grünen Reich der Stauden) vorzustellen, in dem Beth vor über dreißig Jahren dem Publikum ihre Pflanzphilosophie darlegte, durch ihre Gartenanlage führt und die sehr unterschiedlichen Standortbedingungen in den verschiedenen Gartenabschnitten vorstellt.

Mit dem Ansatz, Pflanzen grundsätzlich passend zum Standort zu wählen, betrat Beth damals gestalterisches Neuland, was sich unter anderem in den zehn Goldmedaillen niederschlug, die sie in den 1970er- und 1980er-Jahren auf der Chelsea Flower Show in Folge gewann. Die heutigen klimatischen Veränderungen und die damit einhergehende zwingende Notwendigkeit, nachhaltig zu pflanzen, lassen ihren Ansatz relevanter denn je erscheinen. Beths Anliegen, ihre Botschaft in die Welt zu tragen, fand ihren Niederschlag in ihrer internationalen Vortragstätigkeit und in zahlreichen Büchern, von denen die meisten noch heute aufgelegt werden.

Meine Großeltern Beth und Andrew widmeten ihr ganzes Leben dem Pflanzenstudium. Aus dieser Leidenschaft heraus, gepaart mit ihrem unendlichen Ideenreichtum, entstand der drei Hektar große informelle Garten – ein einzigartiges Anschauungsobjekt nachhaltigen, naturhaften Gärtnerns. 2020 fand Beths gärtnerische Tätigkeit offizielle Anerkennung, als die englische Denkmalpflegebehörde Historic England dem Garten den Status einer bedeutenden, schützenswerten Anlage verlieh.

Gut dreißig Jahre nach Erscheinen von *The Green Tapestry* ist es nun an der Zeit für eine vollständig überarbeitete, aktualisierte Ausgabe. Diese soll nicht nur Beths ursprüngliche Überlegungen einem neuen Publikum nahebringen, sondern Gelegenheit geben, die weitere Gartenentwicklung unter Beth's Ägide – und später unter der gleichgestimmten Leitung ihrer Nachfolger – in Wort und Bild vorzustellen. „Ein Garten ist kein Gemälde" – so war es oft von Beth zu hören: Ein Garten verändert sich ständig, und bisweilen muss er ganz überarbeitet und erneuert werden. In dieser Neuausgabe wollen wir zeigen, wie sich Beths Garten weiterentwickelt hat und weiterentwickeln wird. Das Kapitel zum Kleinen Kiesgarten fällt dabei notgedrungen verhältnismäßig kurz aus, denn hier wird gerade ein Hauptbeet neu aufgesetzt.

Dass Beth die Gartenanlage mit der angeschlossenen Gärtnerei zu einem so erfolgreichen Unternehmen ausbaute, ist ein Segen: Dieses sichert den Fortbestand ihres geliebten Gartens und seine Pflege durch ihr bewährtes, engagiertes Team. Der Vermehrungsbetrieb versorgt die Gartenenthusiasten von heute mit Tausenden Pflanzensorten, während der Garten dem Publikum als Inspirationsquelle und Lernort erhalten bleibt.

Um andere an ihrem und Andrews Lebenswerk teilhaben zu lassen, gründete Beth in ihrem 92. Lebensjahr den Beth Chatto Education Trust. Diese Stiftung soll allen Menschen Gartenwissen zugänglich machen, ob Vorschulkind oder hochbetagt, ob Gartenneuling oder -profi. Dahinter steht die Hoffnung, dass immer mehr Pflanzungen im privaten und im öffentlichen Raum möglich werden, die nicht nur schön, sondern auch ökologisch und nachhaltig sind. Schulen und Organisationen, die nicht über die Mittel für einen Besuch verfügen, erhalten durch die Stiftung Unterstützung; sie finanziert sich durch die Tantiemen von Beths Büchern.

Es ist ein großes Erbe!

Julia Boulton

Schräg einfallendes Abendlicht lässt die vertikalen Elemente der sommerlichen Kiesgartenbepflanzung aufleuchten.

Dank an die Mitwirkenden

Ohne die folgenden Personen wären die Überarbeitung und Aktualisierung dieses Buches nicht möglich gewesen:

David Ward, Leiter des Gartens und des Gärtnereibetriebs sowie ehemals Beths rechte Hand, hat den Originaltext detailliert durchgearbeitet und umfassend ergänzt. So gibt es nun auch Kapitel zum Waldgarten und zu Beths Markenzeichen, dem großen Kiesgarten, dessen Erstanlage er an Beths Seite mit umsetzte.

Åsa Gregers-Warg, hauptverantwortliche Gärtnerin, entwarf und bepflanzte den Löschweiher-Garten, den Beth offiziell eröffnete und den Åsa nun in einem eigenen Kapitel vorstellt.

Steven Wooster spielte zu Beths Lebzeiten eine Schlüsselrolle als Fotograf ihrer Gartenanlage; seine Aufnahmen illustrieren viele ihrer Bücher. Es war wunderbar, ihn erneut im Garten zu erleben.

EINFÜHRUNG

Hier folgt Beth Chattos Einführung zur Erstausgabe ihres Buchs „The Green Tapestry". Die Fotos zeigen vorwiegend die heutige Gartenanlage.

Mein ganzes Leben habe ich in Essex verbracht. Ich wurde in Good Easter bei Chelmsford geboren und bin unweit von Saffron Walden aufgewachsen. Das Gärtnern liegt mir wohl im Blut: Mein Vater war ein tüchtiger Gärtner, ebenso meine Mutter, und schon als ganz kleines Kind hatte ich einen eigenen Garten. Ich kaufte Samentütchen und zog Sonnenblumen. Der Garten meiner Eltern war sehr interessant, mit einer Vielzahl von Wildarten zwischen den typischen Gartensorten, was zu dieser Zeit nicht üblich war.

Nach meiner Ausbildung zur Lehrerin während des Krieges heiratete ich Andrew Chatto, einen Obstbauern. Als Kind hatte er mehrere Jahre an der Westküste Amerikas gelebt und während dieser Zeit Goldmohn (*Eschscholzia*), Säckelblume (*Ceanothus*) und Lupinen wild wachsen gesehen, was sein Interesse für die Pflanzenökologie weckte. Er kannte diese Pflanzen aus England, und als er sie auch in Amerika fand, war sein erster Gedanke: „Wie sind all diese Pflanzen hierhergekommen?" Viel später erlebte ich die gleiche Überraschung, als Andrew mit mir in der Schweiz war. Diesmal stockte mir der Atem, als ich ganze Flächen mit Blumen erblickte, die ich bisher nur aus Gärten kannte. Die Hochalpen wirkten wie ein gewaltiger Steingarten, vom Weidevieh kurzgehalten und durch das Klima

Beth und Andrew Chatto 1951 in Korsika auf dem Col de Sevi; es war eine der ersten Urlaubsfahrten, auf denen sie die Flora der europäischen Bergregionen erkundeten. Der atemberaubende Anblick weiter, von blühenden alpinen Polsterstauden bedeckten Flächen, die Beth bis dahin nur aus Gärten kannte, weckte in ihr dieselbe Pflanzenleidenschaft, die Andrew bereits in sich trug.

geformt. In der dünnen Luft und auf mageren Böden wächst kein üppiges Gras. Dies sind die idealen Wachstumsbedingungen für Pflanzen mit kleinen, leuchtend bunten Blüten. Für mich war es eine Offenbarung, die Wiesen mit Enzian übersät, die Felsen von der Spinnweb-Hauswurz (*Sempervivum*) überzogen und die trockenen Böschungen von Nelken (*Dianthus*) und vielen anderen vertrauten Pflanzen belebt zu sehen.

Ich denke, dieses Erlebnis, Pflanzen unter den verschiedensten Bedingungen in ihren natürlichen Lebensgemeinschaften gesehen zu haben, war für beide von uns der Ansporn, einen auf ökologischen Grundlagen basierenden Garten anzulegen.

Den teichnahen Halbschatten schmückt im Spätfrühling eine harmonische Staudenmischung. In diesem Gartenabschnitt finden sich neben sonnigen Beetflächen auch von Bäumen beschattete Bereiche. Sowohl Bowles' Goldsegge (*Carex elata* 'Aurea', rechts im Bild) als auch die Sumpf-Wolfsmilch (*Euphorbia palustris*, links) fühlen sich unter solchen Bedingungen wohl. Auch *Darmera peltata* hat bereits ihre hohen Blütenstängel emporgeschickt; bald folgen ihre ausladenden Schirmblätter.

Aber wenn es darum geht, diese Idee in die Praxis umzusetzen, darf man nicht zu sehr auf Prinzipien beharren. Gärtnern ist die Kunst, Pflanzen aus allen Teilen der gemäßigten Zonen so zu kombinieren, dass die Freude daran länger anhält als beispielsweise der kurze Sommerflor einer Blumenwiese der Schweizer Alpen. Darüber hinaus gibt es viele Pflanzen wie Brennnesseln oder wie die wuchernde Quecke, die zwar zur natürlichen Pflanzengemeinschaft gehören, aber im Garten nicht erwünscht sind. Und dennoch: Ignoriere ich zu viele der Prinzipien, die ich entweder von Andrew oder durch eigene Beobachtung gelernt habe, wollen die Pflanzen nur schlecht gedeihen, oder die Pflanzung wirkt unharmonisch.

Oft sind wir überrascht, dass Pflanzen doch nicht so wachsen, wie wir es erwarten. So war mein Mann verwundert, wie bei uns Lenzrosen (*Helleborus* × *hybridus*) gedeihen. Er hatte nämlich gelesen, dass sie wild im Vorgebirge des Kaukasus zwischen Gehölzen vorkommen. Als ich sie das erste Mal an einer sonnigen Stelle in gut vorbereiteten, durchlässigen Boden pflanzte, war Andrew sicher, dass sie die volle Sonne nicht vertragen würden. Zu seiner Überraschung und meiner Erleichterung gediehen sie.

In manchen Fällen ist es möglich, Pflanzen, die in der Natur normalerweise im Schatten wachsen, im milden englischen Klima in offene Lagen zu setzen. In ihrer kontinentalen Heimat ist der Sommer bedeutend heißer als hier, weshalb sie den Schatten dort brauchen. Heute haben sich diese Pflanzen in gebüschreiche Gebiete zurückgezogen, wo sie vor Bodenbearbeitung und vor weidenden Tieren sicher sind. In den meisten Fällen sind dies die einzigen Nischen, wo man sie heute noch findet.

Als ich anfing, war mir nicht bewusst, dass Pflanzen ihre Vorlieben haben und an bestimmte Bedingungen gebunden sind. Nehmen wir zum Beispiel kultivierte Gartenpflanzen wie Chrysanthemen und gefüllte Zinnien. Diese Sorten brauchen volle Sonne und das, was wir „gute Gartenerde“ nennen, denn sie wurden aus Pflanzen gezüchtet, die ursprünglich an freien sonnigen Stellen wuchsen. Deshalb kann man nicht erwarten, dass sie sich in schattigen Hinterhöfen gut entwickeln. Dort würden sie bleich, schwach und langstielig nach dem Licht streben.

Die allermeisten Sorten, die wegen ihrer Blütenpracht gezogen werden, können in strengen Reihen im Gemüsegarten gepflanzt werden, wo sie frei und voll besonnt stehen und beste Schnittblumen liefern. Es gibt aber ein wachsendes Interesse unter Gärtnern, Pflanzen in ihrer Wildform zu verwenden. Dazu muss man herausfinden, wie ihr natürlicher Standort beschaffen ist. Es reicht keinesfalls zu wissen, dass die Pflanze aus China, Japan oder Amerika stammt. Wächst sie dort im Norden, Süden, Westen, Osten? Kommt sie von einem trockenen, heißen Geröllhang oder von einem feuchten, sumpfigen Standort? Viele weithin bekannte Stauden wie Sonnenhut, Herbstaster und Goldrute kommen vorwiegend in feuchten Wiesen Nordamerikas vor, während andere wie Affodill (*Asphodelus*) und viele Wolfsmilchgewächse (Euphorbien) auf steinigen Böden rund ums Mittelmeer gedeihen, mit üblicherweise heißen und trockenen Sommern.

Wenn man von Pflanzen spricht, die hauptsächlich wegen ihres Blattwerks gepflanzt werden, muss man William Robinson erwähnen, der zu Beginn des Jahrhunderts viele von ihnen einsetzte. Sie wurden in den Gärten wohlhabender Kenner verwendet und von dort aus langsam in andere Gärten verbreitet. Im Ganzen betrachtet war es aber nur ein kleiner, begeisterter Kreis weitgereister Menschen, die sich untereinander austauschten. Es gab immer noch viele Viktorianische Gärten voller Salvien und anderer Gewächshauspflanzen, die wie die Zinnsoldaten in Reih und Glied standen. William Robinson und Gertrude Jekyll bewegten sich auf einen natürlicheren Stil in der Pflanzenverwendung zu, und die Veröffentlichungen von Vita Sackville-West trugen ihre Ideen weiter, aber das Problem für viele ihrer Anhänger war die Beschaffung solcher Pflanzen.

Viele wohlhabende Leute betätigten sich nicht selbst in ihren Gärten, sondern verließen sich auf ihre Gärtner, die alles für sie machten. Ellen Willmott war hierin eine Ausnahme. Sie war eine reiche Dame und eine große Gärtnerin. Sie sammelte Wildpflanzen und legte einen Garten nahe Brentwood in

Die ursprünglich in Südwest- und Zentralasien beheimatete Gold-Garbe (*Achillea filipendulina*) hat sich inzwischen auch in Europa und Nordamerika angesiedelt. *A. f.* 'Gold Plate', eine besonders pflegeleichte und anpassungsfähige Sorte, ist ein Blickfang am vollsonnigen Standort und zugleich eine wertvolle Trockenblume.

Essex an, wo sie über 150 Gärtner beschäftigte, die sie mit Disziplin und Eifer selbst ausbildete. Aus den Schweizer Alpen holte sie sich einen Helfer, der ihren Steingarten gestalten und pflegen sollte. Ich fürchte allerdings, dass nur wenige ihrer Schätze den Weg nach draußen in die umliegenden Cottage-Gärten fanden.

Nach dem Zweiten Weltkrieg änderten sich die Verhältnisse. Nach Jahren der Entbehrung sahen sich viele Menschen nach neuen Interessen um. Während des Krieges lasen wir begeistert die Schriften von Vita Sackville-West und Margery Fish. Ungefähr zu dieser Zeit lernte ich Sir Cedric Morris kennen und seinen wunderschönen Garten am Rand von Hadleigh in Suffolk. Er war voll mit Iris, Mohnblumen, hohen Königskerzen, Zierlauch und vielen anderen ungewöhnlichen Pflanzen, die wir heute in unseren Gärten haben, die in jenen Tagen aber selten zu sehen waren. Ich glaube, Sir Cedric gewann für diejenigen, die seinen Garten besuchen konnten, die gleiche Bedeu-

Viele Pflanzen verdankte Beth Chatto ihrem Freund Sir Cedric Morris. Schwertlilien und Mohnblumen, die er besonders mochte, hielt er immer wieder in seinen Gemälden fest. *Papaver* (Oriental Grp.) 'Cedric Morris' steht im Mittelpunkt dieser typischen Gruppe im großen Kiesgarten. Den Vordergrund bespielt das Blauviolett von Katzenminze, und *Iris pallida* subsp. *pallida* greift den blauen Farbton im Hintergrund auf, während blühende Wolfsmilcharten mandelgrüne Kontraste setzen.

tung wie Vita für die Leser ihrer Artikel im *Observer*. Ohne Zweifel gab es landauf, landab Menschen wie sie beide, die einen kleinen Kreis von Gartenliebhabern beeinflussten, der allmählich wuchs und alle Schichten der Gesellschaft durchdrang. Die Idee, eine Gärtnerei für ungewöhnliche Pflanzen zu eröffnen, kam mir durch meine Verbindung zum „Flower Club", einer Bewegung, die kurz nach Ende des Zweiten Weltkriegs entstand. Die Frauen waren entmutigt und niedergeschlagen nach Jahren der Entbehrung. Angesichts der Rationierung von Lebensmitteln und anderen Gütern, die fünf bis sechs Jahre nach Beendigung des Krieges immer noch anhielt, brauchten sie etwas fürs Gemüt; der Mangel war bedrückend. Da kam plötzlich das Blumenarrangieren auf, das weitgehend von CONSTANCE SPRY mit ihrem frischen, individuellen Stil inspiriert wurde. Auch sie hatte das Glück, CEDRIC MORRIS zu kennen. Gelegentlich war sie bei ihm in Suffolk und kehrte dann mit ihrem Wagen voller Blumen, Samenstände und wunderbarer Blätter, wie man sie in den Blumenläden der Hauptstadt niemals zuvor gesehen hatte, nach London zurück.

Als ich ungefähr dreißig Jahre alt war und zwei kleine Kinder hatte, trat PAMELA UNDERWOOD, die Gründerin des Colchester Flower Clubs, in mein Leben. Sie war unsere Nachbarin in Braiswich, Colchester, wo wir zu Beginn unserer Ehe wohnten und entlang der alten römischen Schutzwälle am Stadtrand gärtnerten. Durch den Blumenverein wurden meine Augen für Dinge geöffnet, die ich früher nie richtig gesehen hatte, obwohl ich mich für eine aufmerksame Gärtnerin hielt. Ich nahm Pflanzen auf einmal auf eine ganz neue Art und Weise wahr, nicht nur im Garten, sondern auch auf Brachland und auf Salzwiesen. Blättern wie Blüten schenkte ich nun Beachtung.

Ich entdeckte, dass es möglich war, mit völlig unerwarteten Zutaten ein attraktives Gesteck zu gestalten. Dies war für viele Frauen, die keinen Garten besaßen, wie Speis' und Trank. Ihnen wurde gezeigt, wie sie mit zwei oder drei Blättern, einer Blüte und einer Knospe einen schönen Schmuck für ihr Heim gestalten konnten. Es ging auch ohne den Strauß Rosen oder Gladiolen, den sie bisher für unerlässlich hielten.

Samenstände wie hier bei der Berg-Aster (*Aster amellus*) 'King George' spielen eine Schlüsselrolle im Herbstgarten. Beth Chatto zog es häufig vor, sie den Winter über stehen zu lassen, anstatt die Beete aufzuräumen.

Damals war ich vom Glück begünstigt, denn ich war in der Lage, beinahe zwanzig Jahre kreativer Arbeit rund um das Haus zu genießen. Das bereicherte mein Leben nicht nur zu jener Zeit, sondern erwies sich auch später als nützlich. Der Blumengarten beschäftigte mich stark, ich versorgte aber auch den Küchengarten und zog, von meinem alten Freund Sir Cedric ermutigt, außergewöhnliches Gemüse. Von ihm erhielt ich die verschiedensten Samen wie blauschotige Bohnen (anstatt der gewöhnlichen Feuer-Bohne), ungewöhnliche Zucchini-Sorten, Chicoree, verschiedene Rettichsorten – darunter die Sorten 'China Rose' und 'Black Winter' – und Spargelerbsen. All das war Mitte des zwanzigsten Jahrhunderts nicht in den Saatgutkatalogen zu finden.

Zur gleichen Zeit brachte ich aus Sir Cedrics Garten alle möglichen Samen und Stecklinge und kleine Stücke von diesem und jenem mit nach Hause und lernte, ungewöhnliche Pflanzen zu vermehren, eine gute Vorbereitung für meine Tätigkeit als Gärtnerin.

Im Sommer bedeckt eine enorme Vielfalt an Kürbissorten unseren großen Komposthaufen. Farbenfrohe Arrangements aus den vielgestaltigen Früchten sind inzwischen eine unserer Herbsttraditionen.

DIE GÄRTNEREI

Ich begann die Gärtnerei mit nur einer Helferin, die auf der Farm für meinen Mann gearbeitet hatte. Damals wohnten wir seit ungefähr sieben Jahren in dem neuen Farmhaus, das wir am Rand des Brachlandes zwischen der Nachbarsfarm und unserem Hof erbaut hatten, und der Garten, um den es in diesem Buch geht, nahm Gestalt an. Nach ein paar Jahren kamen weitere Frauen, um zu helfen. Als dann unsere Landwirtschaft verkauft wurde, kam Harry, der jüngste der Landarbeiter, hinzu. Er ist bis heute geblieben.

Die Begeisterung für Blumenarrangements veränderte damals das Pflanzenangebot in England grundlegend, denn Leute wie ich oder Mary Pope, die den ersten Flower Club in Dorchester gründete, fingen an, mehr Wildpflanzen zu verwenden. Als ich die Gärtnerei eröffnete, gab ich Vorführungen in den Blumenclubs. Dabei verwendete ich nur Pflanzen aus meinem Garten; das war meine beste Werbung.

Eines Tages rief Pamela Underwood an und sagte: „Ich möchte, dass Sie einen neuen Blumenclub in Framlingham in

Suffolk eröffnen.“ Ich konnte nicht Auto fahren, lernte es aber schnell, und genauso schnell musste ich mir beibringen, wie man Leute im Arrangieren von Blumen unterweist. Nach kurzer Zeit war ich schon landauf, landab unterwegs und verwendete dabei immer Blumen und Beiwerk aus dem Garten. Der Garten war mein Rückhalt, wenngleich ich wusste, dass die meisten anderen bei den Vorführungen Floristenmaterial benutzten. Die Reaktion war erstaunlich.

Da ich diese Pflanzen seit mehr als 15 Jahren zog, war mir nicht mehr bewusst, dass die wenigsten Menschen Wolfsmilch, Nieswurz und andere grün blühende Blumen mit ungewöhnlichen Blättern und Strukturen kannten und zogen. Damit war die Idee geboren, sie zu meinem Geschäft zu machen, sollte sich je die Möglichkeit ergeben, und dieses „Ungewöhnliche Pflanzen“ zu nennen.

Heute ist die Gärtnerei (inzwischen „The Beth Chatto Plants and Gardens“ genannt) sehr stark vom Garten abhängig und der Garten von der Gärtnerei. Ohne das Geld, das die Gärtnerei einbringt, und ohne mein hingebungsvolles Personal hätte das Unternehmen niemals so groß und reich an interessanten Pflanzen werden können. Wir brauchen uns gegenseitig, und auch die Besucher leisten einen Beitrag, denn für sie lege ich neue Pflanzungen an und gestalte Bereiche, die nicht mehr schön sind, neu. Es geht wie mit uns selbst – wenn wir immer alles lassen, wie es war, und nichts erneuern, überaltert ein

Beth Chatto war unter den ersten, die grün blühende Pflanzen wie diese Wolfsmilch für Blumenarrangements propagierten.

Links: Das Mutterpflanzenquartier liefert wichtiges Vermehrungsmaterial für die Gärtnerei. Da die meisten dieser Gräser erst im Frühjahr geteilt werden, schenken sie uns außerdem Blütenstände für herbstliche Blumengebinde.

Linke Seite: Die in der Gärtnerei zum Verkauf angebotenen Pflanzen, etwa diese Schmucklilien (*Agapanthus*), werden in den immer zahlreicher werdenden Folientunneln herangezogen. Die Tunnel sind unverzichtbar für das Unternehmen, das ein so breites Spektrum an Stauden, Gräsern und Farnen zum Online- und Direktverkauf anbietet wie kaum ein anderes im Land.

Garten. Obwohl es nicht meine primäre Absicht ist, den Garten nach dem Geschmack der Besucher anzulegen, weil ich meine, dass die Stimmigkeit der Pflanzen wichtiger ist, sind die Kommentare, die ich zu hören bekomme, für mich gleichermaßen Ermunterung und Kritik.

Ich bin ständig auf der Suche nach neuen interessanten Pflanzen. Manchmal höre ich, wir hätten hier so viele Pflanzen, wir könnten doch gar keine neuen gebrauchen. Manchmal glaube auch ich, dass kein Platz mehr für weitere Arten ist. Dann aber merke ich, dass ich ihn habe, sobald ich nur einen Bereich neu gestalte.

GESTALTUNGSPRINZIPIEN

Viele Gartenliebhaber sind voller Tatendrang, merken aber, dass ihnen die Bepflanzung nicht so recht gelingen will und dass sie Anleitung brauchen. Vielleicht sind sie mit der Wirkung ihrer Gestaltung nicht zufrieden – die Pflanzen passen aus irgendeinem Grund nicht gut zusammen. Die Leute wissen oft nicht, wie man Pflanzen gruppiert, und verteilen sie im Garten wie Nadeln in einem Nadelkissen. Sie pflanzen ihre neueste Erwerbung dort, wo gerade Platz ist, ohne darüber nachzudenken, ob dies die sonnige oder schattige Gartenseite ist und ob es für die Pflanze darauf ankommt.

Neulich wurde ich von einer Journalistin gebeten, einen Artikel über die Bepflanzung schwieriger Standorte zu schreiben. Sie meinte, die Leser der Zeitung wüssten meinen Rat zum Wo und Wie einer Bepflanzung zu schätzen, denn sie hatte selbst Probleme mit dem sonnigen Teil ihres Gartens. Seltsamerweise kam sie mit dem schattigen und kühlen Bereich recht gut zurecht, dessen Potential sie sehr gut erkannt hatte, aber auf der heißen, trockenen Seite gingen die Pflanzen ein. Wahrscheinlich versuchte sie es dort mit Pflanzen wie Funkien, Primeln oder Enzianen, die mit solchen Verhältnissen nicht zurechtkommen. In den meisten Gärten ist die Wirkung der Gestaltung mehr auf die Blüten als auf die Belaubung ausgerichtet. Ist die Blütezeit aber vorüber, dann stehen die Pflanzen entweder ziemlich kümmerlich da, weil der Standort zu trocken ist, oder sie werden heruntergeschnitten und hinterlassen eine Lücke. In beiden Fällen wirkt der Garten dann nichtssagend und schä-

In dieser abwechslungsreichen Kombination von Formen und Texturen offenbart sich Beth Chattos unverkennbarer Pflanzstil. Von der niedrigen Vordergrundbepflanzung schweift der Blick bis zum hohen Gesträuch im Hintergrund; dazwischen tummeln sich die Kontraste, von samtigen, silbergrauen gerundeten Blattformen bis hin zu schmalen, grünen Blattschwertern. Vertikale Linien und Samenstände vervollständigen die naturhafte Wirkung.

big. Diese Misserfolge lassen so manchen glauben, er habe es mit einer problematischen Lage zu tun, während es eigentlich nur ein Bereich ist, der anderen Pflanzenarten durchaus zusagen würde.

Eine andere Fehlerursache besteht darin, dass wir das Pferd bisweilen gern von hinten aufzäumen. Anstatt zu schauen, was auf dem vorhandenen sonnigen Plätzchen wachsen würde, um das Beste daraus hervorzuholen, sammeln wir Ideen aus Büchern. Von schönen Bildern mit blauem Dies und gelbem Das angeregt, gehen wir dann ins Gartencenter, kaufen Pflanzen, denen wir nicht widerstehen können, und meinen, es genüge, diese irgendwo in die Erde zu setzen. Es kommt uns nicht in den Sinn, dass der Pflanze der Standort nicht zusagen könnte. Aber auch wenn wir uns nicht durch die Blütenfarbe verführen lassen, sondern löblicherweise auf gute Blattform achten, kann der Erfolg ausbleiben. Wenn wir nämlich in einen heißen sonnigen Garten Farne, Funkien oder andere Pflanzen mit empfindlichem Blattwerk pflanzen, wird die Wirkung enttäuschend sein, weil das Laub die Sonne nicht verträgt. Es gibt viele farbenfrohe Sommerblumen wie Studentenblumen und Feld-Rittersporn, die in diesem heißen und trockenen Boden wachsen, vorausgesetzt, man gießt sie gut an und wässert regelmäßig. Doch dann fehlt der Pflanzung der Hintergrund. Man hat lediglich grelle, prunkende Farben, dem Garten aber fehlt das, was ich mit „Möblierung“ bezeichne, das heißt, die dauerhafte Bepflanzung. Ich finde, ein Garten sollte das ganze Jahr über attraktiv sein. Dies ist in einem heißen, trockenen Garten am einfachsten mit den vielen graulaubigen Pflanzen zu erreichen und mit hartem, ledrigem Blattwerk, das den Winter überdauert. Obgleich es in diesem Teil der Welt im Winter ziemlich kalt werden kann und der Boden gelegentlich bis in eine Tiefe von 45 cm gefriert, überstehen dies viele mediterrane Pflanzen in gut dränierten Kiesböden.

Vor der dickblättrigen Mittelmeer-Palisaden-Wolfsmilch (*Euphorbia characias* subsp. *wulfenii*) ist eine Seidenhaar-Königskerze (*Verbascum bombyciferum*) mit ausladendem, silberfilzigem Laub aus Saat aufgegangen. Beide sind ideal an trockene, durchlässige Sonnenstandorte angepasst und im großen Kiesgarten immer wieder in direkter Nachbarschaft anzutreffen.

„Viele Menschen reisen und haben dadurch Gelegenheit, Pflanzen an ihrem natürlichen Standort wachsen zu sehen. Manche haben dann vielleicht das Bedürfnis, diese Pflanzen in ihren Garten zu setzen, um etwas von dem Frieden und der Ruhe der Natur dorthin zu übertragen.“

UNSER BLICK AUF PFLANZEN

Die Gartenkunst hat sich in den letzten Jahrhunderten beträchtlich verändert. Im 17. Jahrhundert drängten Gartenkünstler wie André le Nôtre (der den Park von Versailles für

Ludwig XIV. schuf) die Natur zurück und befreiten das Umfeld der großen stattlichen Schlösser von Wald. In jenen Tagen hatte dies einen praktischen Grund; der Wald war immer noch voller Wölfe und Bären, und so bedurfte es eines Schutzes aus Mauern und Hecken um den Garten. Auch alles andere war im Garten formal gestaltet; lang gezogene Wasserflächen nahmen in ihren Formen die geraden Linien von Grenzzäunen und Einfassungen auf. Die Wildgräser oder Blattpflanzen, die wir heute so gerne verwenden, gab es nicht. Im Gegenteil wurde fast alles beschnitten und zu strengen Formen und Mustern zurechtgestutzt. Es war das Zeitalter, in dem vornehme Herren zwischen geometrisch gestalteten Parterres wandelten. Sie wollten sich sicher fühlen und kultiviert geben; Natur war nichts, das man genießen konnte, sondern etwas, das man zähmen oder in Schach halten musste. Heute versuchen wir mühsam, zur Natur zurückzukehren, vielleicht weil wir überzivilisiert sind. Viele Menschen reisen außerdem und haben dadurch Gelegenheit, Pflanzen an ihrem natürlichen Standort wachsen zu sehen. Manche haben dann vielleicht das Bedürfnis, diese Pflanzen in ihren Garten zu setzen, um etwas von dem Frieden und der Ruhe der Natur dorthin zu übertragen.

Viele Gartenliebhaber machen sich nicht klar, dass die meisten bekannten Gartenpflanzen durch Kreuzung und Auslese aus Wildpflanzen gezüchtet wurden. Sie neigen dazu, sie ledig-

Der im Himalaja heimische, stattliche Gebirgs-Wurmfarn (*Dryopteris wallichiana*) ist auch in Teilen Zentralamerikas anzutreffen. Hier am Shady Walk, der Schattenpromenade, die den Wassergarten abschließt, bleibt er auch im Winter grün. Sein gefiedertes Laub ergänzt die übrige, ebenfalls vorwiegend immergrüne Bepflanzung um einen weiteren Form- und Texturkontrast.

lich als Produkte des Gartenbaus zu betrachten. Schließlich gehen wir auch nicht hinaus und ernten wilde Mohrrüben bei der Hecke; wir haben unser Gemüse kultiviert und für den menschlichen Gebrauch schmackhaft gemacht. Ebenso hat der Mensch auch Zierpflanzen, die sich zur Verwendung für den Garten eigneten, gezüchtet. Die Ansichten darüber, was geeignet ist, haben sich von Generation zu Generation geändert. Die dicken gefüllten Chrysanthemen, die riesigen Dahlien und statuenhaften Gladiolen, seit Generationen die Lieblinge von Pflanzenzüchtern, sind letztlich nur kultivierte und „verbesserte“ Formen von Pflanzen, die ursprünglich in viel einfacheren Formen irgendwo in der Natur vorkamen.

Viele Menschen, besonders Städter, haben als Gartenanfänger von der Natur keine Ahnung; bei Wildpflanzen denken sie nur an Unkraut wie Löwenzahn oder Ackerwinden. Wenn man in der Schule nicht viel Botanik mitbekommen hat, scheinen zwischen Wildpflanzen und den Pflanzen, die in Gärtnereien gezogen werden, Welten zu liegen.

DAS KLIMA

Man sollte sich nicht durch die Behauptung abschrecken lassen, dass Pflanzen unbedingt den richtigen Standort brauchen. Viele Pflanzen tolerieren eine ziemliche Bandbreite an Standortbedingungen; nur bei Wildarten darf man natürlich nicht zu weit von den Verhältnissen ihrer natürlichen Standorte abweichen. Nehmen wir zum Beispiel Rhododendren, die aus Berggegenden in Asien und Nordamerika stammen. Sie bekommen reichlich Niederschläge, und obwohl sie in großen Höhen mit starker UV-Strahlung wachsen, hält die stetige Bewölkung ihr Laub feucht. Versucht man dann, Rhododendren in trockeneren Gegenden zu ziehen, welken und vertrocknen die Blätter. Das Gleiche gilt für Azaleen. Sie sind Pflanzen der Strauchschicht – das heißt, sie wachsen im Schatten von Waldbäumen. Viele stammen aus Japan, und die japanischen Inseln haben ebenfalls feuchtigkeitsgesättigte Luft, ein Klima, das dem des Südwestens von England, Devon und Cornwall entspricht. Nebenbei bemerkt brauchen Azaleen und Rhododendren saure Moorböden und tolerieren keinen Kalk.

Der europäische *Rhododendron ponticum* verlangt nach saurem Boden und reichlich Regen; in manchen Gegenden Britanniens fühlt er sich viel zu wohl und hat sich so zu einem ernsthaften Problem entwickelt. Auf saurem Grund bildet er Absenker und versamt sich und verdrängt so die heimische Flora. Hier wird er bei der Gartenpflege konsequent in seine Grenzen verwiesen: Lagernden Zweigen und Sämlingen bereitet der Spaten alsbald ein Ende.

Die Winterhärte der Pflanzen wird vom Bodentyp des Gartens beeinflusst, denn er kann die Klimaverhältnisse verstärken oder verändern: Magerer Sand- oder Kiesboden ist im Winter wärmer, weil er nicht mit eisigem Wasser getränkt ist. Im Sommer werden die Pflanzen dort zäh und drahtig. Stünden sie in besseren Erden, würden sie weich und mastig und dann beim ersten Frost zusammenbrechen. Als ich hierherzog, pflanzte ich Zistrosen an einigen Stellen mit stärker wasserspeichernden Böden, was nicht gelang. Andererseits mag Heidekraut die besonders trockenen Lagen nicht. Es wächst in Moorgebieten, einem ganz anderen Lebensraum als die Kiesböden im Osten Englands. Heidekraut aus Dartmoor oder Schottland wird auf einem Boden mit sehr geringen Niederschlägen nicht gedeihen. Aber auf bestimmten sandigen Böden im Osten schaffen Heidekraut und Glockenheide ihre eigene Torfschicht und können dadurch überleben und Heideland bilden.

Ich schreibe und gärtnere, um den Menschen zu zeigen, wie sie in ihrem Klima und auf ihren Böden Pflanzungen anlegen können. In Trockenperioden ist es heute fast unmöglich, den Garten zu wässern, denn dies wird meist sofort untersagt, um den Wasservorrat für die Bevölkerung und die Landwirtschaft zu sichern. Wer seine Pflanzen mit Bedacht auswählt, bedarf keiner regelmäßigen Bewässerung, von der ich selbst auch gar nichts halte.

Wenn man sein Möglichstes unternimmt, um vor dem Pflanzen die Bodenstruktur zu verbessern, und mit Rindenmulch (oder auch mit weniger attraktiven, aber ebenso verwendbaren Materialien wie Stroh, Papier oder Mulchfolie) arbeitet, bis die Pflanzen gut eingewachsen sind, beschleunigt man die Gartenentwicklung ungemein. Schon am Ende der ersten Vegetationsperiode werden die Pflanzen selbst den Boden weitgehend bedecken. Hebt man dann die Blätter einer Pflanze an, wird man selbst bei ausbleibendem Regen am Boden immer etwas Feuchtigkeit feststellen. Es braucht allerdings Pflanzen, die an die Trockenheit angepasst sind, sonst hilft alles Mulchen nicht.

Wer genügend Energie, Zeit und Begeisterung aufbringt, kann die Verhältnisse im Garten dahingehend verbessern, dass ein breiteres Pflanzensortiment möglich ist. Die meisten von

Das Riesen-Federgras (*Stipa gigantea*) zählt zu den besten trockenheitsresistenten Gräsern überhaupt; zugleich kontrastiert es wunderbar mit ebenso resistenten silberlaubigen Pflanzen wie der Vexiernelke (*Lychnis coronaria*) und der Seidenhaar-Königskerze (*Verbascum bombyciferum*).

uns müssen jedoch mehr oder minder mit dem auskommen, was wir haben. Zu Beginn meiner Ehe besaß ich am Stadtrand von Colchester einen Garten auf Geschiebelehm, der bei Trockenheit hart wurde. Dort konnte ich unmöglich Sumpfpflanzen ziehen – und doch glaubte ich in meiner jugendlichen Unerfahrenheit, aus den wundervollen Pflanzen wie *Astilbe* und *Lysichiton*, die man mir schenkte, müsse etwas werden. Ich versuchte es vergeblich. Wie viel Kompost ich auch in den Boden einbrachte, die Pflanzen kamen mit den geringen Niederschlägen nicht aus und kümmerten zusätzlich durch die austrocknenden Winde.

Die Gartenanlage verfügt über ganz unterschiedliche Böden, von den beiden Kiesgärten mit sehr trockenem Boden (oben), der „wie der Sand in einer Sanduhr durch die Finger rinnt", wie Beth Chatto sagen würde, bis hin zum wesentlich wasserhaltigeren, humosen Boden rings um die quellwassergespeisten Teiche im Wassergarten und am Wassergraben im Waldgarten (rechts).

DER BODEN

Viele Gartenbücher gehen lang und breit auf den Säure- oder Kalkgehalt des Bodens ein, aber sagen rein gar nichts über die Bodenstruktur. Für einige Pflanzen, wie die von mir erwähnten Azaleen und Rhododendren, sind diese Bodenwerte wichtig – aber das sind nur wenige. Wer einen kalkhaltigen Gartenboden hat, aber dennoch Pflanzen ziehen will, die sauren Boden brauchen, muss den Boden durch Zugabe von Chemikalien neutralisieren. Dies muss aber kontinuierlich geschehen, da der Regen die Chemikalien auswäscht und neu gelöster Kalk das Gleichgewicht des Bodens stört. Ich ziehe es vor, so etwas erst gar nicht zu versuchen, und wähle stattdessen Pflanzen aus, denen die bestehenden Bedingungen zusagen. Es ist möglich, weitaus mehr Pflanzen zu ziehen, wenn man nun noch etwas für die Bodenstruktur tut, und dann spielt es auch keine große Rolle mehr, ob der Boden sauer oder kalkhaltig ist. Es gilt nur herauszufinden, welche Pflanzen mit Kalk überhaupt nicht klarkommen, und diese auf kalkigem Boden nicht zu verwenden. Saurer, torfiger Boden wiederum lässt sich kalken.

Was aber wirklich zählt, ist die Struktur des Bodens, das Zusammenspiel von Belüftung, Dränage und Nährstoffversorgung. Es gibt drei grundlegende Bodenarten: Sand, Schluff und Ton. Kies- oder Sandböden fallen, wenn man sie in der Hand hält, sogar im feuchten Zustand leicht auseinander. Sind sie aber ausgetrocknet, so rinnen sie wie Sand in einer Sanduhr durch die Finger. In langen Trockenperioden sind diese Böden für viele Pflanzen katastrophal, denn sie trocknen völlig aus. Sie führen das Wasser einfach zu rasch ab, und man braucht feuchtigkeitsspeichernde Materialien wie Humus – der dem Boden auch Nährstoffe hinzufügt. Auch das Aufbringen einer Mulchschicht nach dem Pflanzen hilft, die Verdunstung einzuschränken. Hat man einen leichten Boden erst einmal so weit verbessert, dass er zusammenhält, sind mehr Pflanzenarten dafür geeignet. Zahlreiche meiner Waldstauden wie Funkie, Lungenkraut und Storchschnabel wachsen im gleichen Boden wie die trockenheitsliebenden Pflanzen, nur ein paar Schritte entfernt. Der Schatten einer riesigen Eiche und einer Stechpalme schützen sie aber den größten Teil des Tages, wenn der kleine Mediterrane Garten in voller Sonne liegt.

Im unteren Teil des von Eiche und Stechpalme geschützten Beetes haben wir einen anderen Boden: nährstoffarm und fein strukturiert, ein stark verdichtender Schluff. Ihm muss man viel groben Sand beimischen. Obwohl er gute wasserhaltende Eigenschaften besitzt, können Pflanzen mit zarten Wurzeln ihren Weg nicht hindurchfinden. Der Boden braucht dort eine großzügige Zugabe von Kies oder Gartensplitt in die obere Bodenschicht, um atmen zu können. Ich verwende dafür auch

In diesem feuchten Abschnitt des Waldgartens gedeihen viele unterschiedliche Blattschmuckpflanzen in teils lichtem, teils dichtem Schatten; es ist der perfekte Standort für Funkien, Scheinkalla (*Lysichiton*) und feuchtigkeitsliebende Farne.

die Reste vom Osterfeuer, die grobkörnig sind und den Boden aufschließen.

In Gebieten mit schweren Tonböden, der am schwierigsten zu verbessernden Bodenart, muss man warten, bis sich der Boden in einem bearbeitbaren Zustand befindet. Man kann ihn weder bearbeiten, wenn er trocken und hart wie Beton ist, noch wenn er weich ist wie Butter. Am besten gräbt man ihn im Herbst grobschollig um, damit ihn der Frost aufbrechen kann, um dann im Frühling viel Sand und Humus einzuarbeiten. Wer aber in einer Gegend lebt, in der die Böden weit und breit aus schwerem Ton bestehen, und an kein Material kommen kann, um sie aufzubessern, sollte sich mit dem Vorhandenen abfinden und sich auf die Pflanzen beschränken, die ihn mit ihren Wurzeln durchdringen können. Gärtner mit sehr leichten Böden werden neidvoll auf die Wasserhaltekraft der Tonböden blicken und ebenso unzufrieden sein.

Manchmal werde ich gefragt, wie oft diese Arbeiten zur Bodenverbesserung vorzunehmen sind. Natürlich macht man dies bei einem etablierten Beet nicht jedes Jahr. Alle sechs oder sieben Jahre aber nehme ich die Pflanzen aus einem Teil der Rabatte auf, teile diejenigen, die zu groß geworden sind, und verjünge die gesamte Anlage – den Boden wie die Pflanzen. Ich nehme die Stauden heraus, lasse aber diejenigen stehen, die Störungen nicht mögen (Pflanzen mit sehr tiefen Wurzeln, die ohnehin mit dem Boden zurechtkommen). Ich grabe den

Das asymmetrische Dreieck als Repräsentation von Erde – Mensch – Himmel gilt in Japan als goldenes Design-Prinzip, und auch Beth Chatto wandte es bei der Bepflanzung ihrer Inselbeete an. Das Diagramm (unten links) zeigt das Prinzip als Aufriss, mit kleineren Pflanzen als Basis, während mittelgroße darüber zur größten Pflanze überleiten, die – leicht seitlich versetzt – für die Asymmetrie sorgt. Die unten abgebildete Gehölzgruppe funktioniert nach demselben Prinzip, wie das eingezeichnete Dreieck verdeutlicht.

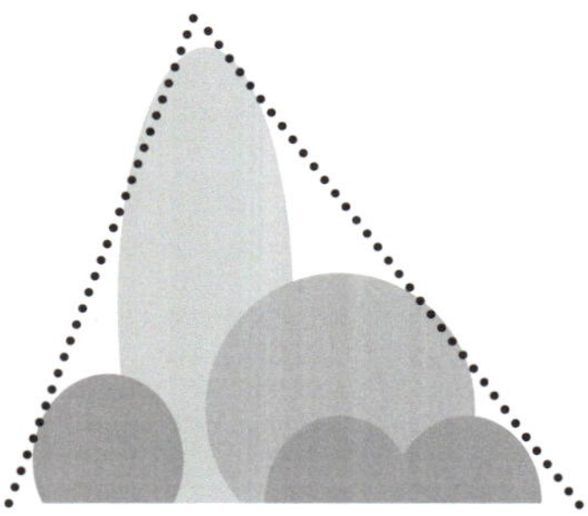

Boden mindestens einen Spaten tief um und gebe, was immer er benötigt, hinzu: Sand, Kompost oder gut verrotteten Mist. Auch kleinere Bereiche kann man auf diese Weise verbessern, man muss nicht immer eine ganze Rabatte umgraben.

DIE GESTALTUNG

Zwei Einflüsse haben mir bei der Gestaltung geholfen. Zuerst mein Mann mit seinem pflanzenökologischen Wissen, dass Pflanzen in einer Umgebung leben möchten, die der ihres natürlichen Vorkommens nahekommt. Daraus ergibt sich, dass man Pflanzen nicht einfach nach Lust und Laune zusammenwürfelt. Außerdem hatte ich mich während meiner Beschäftigung mit der Blumenbinderei, von der ich in der Einführung auf Seite 14 berichtete, mit einer alten Dame angefreundet, deren Mann Verbindungen nach Japan hatte. Sie besaß viele Bücher über japanische Blumenkunst, die ich mit größtem Interesse studierte. Auch wenn man diese Arrangements nicht genau so in die Häuser der westlichen Welt übertragen kann, da sie nicht zu unserem Stil und unserer Möblierung passen, erkannte ich beim Anschauen die goldenen Regeln der Gestaltung – das asymmetrische Dreieck zwischen Erde, Mensch und Himmel, das so schön ist und ein so wunderbares Gefühl der Ausgeglichenheit gibt. Die Kunst besteht darin, alles harmonisch zusammenfließen zu lassen. Obwohl mein Garten kein bisschen japanisch ist, weil ich in dieser Landschaft, selbst wenn ich wollte, keinen japanischen Garten schaffen könnte, habe ich ein paar japanische Regeln und Ideen übernommen. Ich bemühe mich, dass sich alles im Gleichgewicht befindet und eine Harmonie von Gestalt, Form, Umriss und Struktur über allem liegt.

„In der Art und Weise, wie man seine Pflanzen gruppiert, liegt das Wesen der Gartenkunst. Es gibt derer viele Möglichkeiten, und das ist ein Glück, denn es wäre sehr langweilig, wenn alle ihre Pflanzen auf exakt die gleiche Weise kombinierten.“

Damals machte ich mir nicht klar, dass diese Prinzipien einen tiefen und lange anhaltenden Einfluss haben würden, aber sie liegen allen meinen Pflanzideen zugrunde. Nehmen wir zum Beispiel meinen Mediterranen Garten, der voll der verschiedensten Pflanzenarten ist, der aber, wie ich meine, weder kunterbunt noch zerstückelt wirkt. Und warum nicht? Weil alle Pflanzen an die Bedingungen angepasst sind. Sie verschmelzen gut miteinander, während jede Monotonie, die bei so vielen kleinblättrigen Pflanzen entstehen könnte, gebrochen wird durch die Verwendung schöner, architektonisch wirkender Arten wie der Artischocke oder hohen, imponierenden Grasfontänen wie der vom Riesen-Federgras (*Stipa gigantea*).

„Harmonisch" ist ein Wort, das ich gerne auf meinen Garten anwende. Es bedeutet für mich, dass über allem ein Gefühl der Schlichtheit und des Zusammenhalts liegt, über den weiten geschwungenen Rasenflächen und über den sanften Wegen. Ich möchte, dass es hier nichts Abruptes, Unvermitteltes gibt. Ich pflanze am liebsten in Gruppen und lasse Freiräume dazwischen, sodass die Gestaltung mehr Tiefe erhält und Durchblicke zu anderen, dahinterliegenden Gartenbereichen entstehen. Große, ausdrucksvolle Pflanzen setzen Akzente und fügen Kontraste hinzu, wirken aber niemals unvermittelt oder abstoßend. Überraschungselemente sind notwendig, Schockeffekte nicht.

Das Riesen-Federgras (*Stipa gigantea*) gleicht mit seinen durchsichtigen Samenständen die dichte Bepflanzung in Bodennähe wunderbar aus.

FARBEN

Ich habe meine eigenen Ansichten darüber, welche Farben gut im Garten zusammenpassen (ich erwähne einige auf Seite 30–31). Zugleich würde ich von mir aus niemals etwa einen weißen Garten planen. Wer es macht, läuft Gefahr, weiße Pflanzen auszuwählen, die ganz verschiedene Bedingungen benötigen, und zu versuchen, diese alle auf einer Fläche unterzubringen. Dies widerspricht meinen Ansichten über den Garten. Ein weißer Knöterich (*Persicaria*), der feuchte, schwere Tonböden braucht, wird sich nicht gut entwickeln, wenn er in den trockenen Boden gepflanzt wird, den Prachtkerzen (*Oenothera lindheimeri*) und weiß blühende Nelken (*Dianthus*) lieben. Meiner Meinung nach passen diese Pflanzen einfach nicht zusammen, und ich wäre überrascht, wenn sie alle unter den gleichen Bedingungen überdauerten.

Ich kann einem solchen Garten nichts abgewinnen, ich finde ihn gekünstelt. Es ist zwar Ketzerei, das zu sagen, aber den weißen Garten in Sissinghurst kann ich nicht uneingeschränkt bewundern. Vor vielen Jahren sah ich ihn das erste Mal und fand ihn sehr romantisch. Als ich ihn kürzlich erneut sah, wusste ich

Woran ich mich in meinem Garten am meisten erfreue, ist der Kontrast der Blattformen und natürlich immer die Erwartung, dass Blüten erscheinen. Geht man an einem Beet entlang, in dem alles gleichzeitig blüht, muss man sich die beängstigende Frage stellen: „Was wird denn hier in drei Wochen sein?"

Keine einzige Rabatte kommt in dieser Gartenanlage mit schnurgeraden Kanten daher; stattdessen werden die Besucher mit sanften Schwüngen und Ausblicken immer weitergelockt. Hier setzt Gefleckter Wasserdost (*Eupatorium maculatum* Atropurpureum Grp.) das Ausrufezeichen, das Beth Chatto für jede Rabattengestaltung empfiehlt.

nicht recht, wie ich ihn finden sollte; wohl fühlte ich mich jedenfalls nicht darin, obwohl mein Interesse an den einzelnen Pflanzen sehr groß war und ich von der Vielfalt an weiß blühenden Pflanzen begeistert war.

Auch wenn mir klar ist, dass formgeschnittene Buchshecken ein wesentliches Element von Gärten im klassischen Stil sind, mag ich sie nicht, wenn sie eine Trennwand zwischen mir und den Beetpflanzen errichten. Ich bevorzuge es, wenn Pflanzen miteinander verschmelzen und zusammenfließen und auch Wegränder auflockern. Wenn ich sage, dass ich Buchshecken nicht mag, dann bedeutet dies nicht, dass ich sie nicht anderswo auf die gleiche Weise akzeptiere, wie man auch unterschiedliche Malstile mögen kann. Nehmen wir einen Garten wie Hidcote. Obwohl ich die Farbkombinationen, die Bepflanzung und die Gestaltung dort bewundere und auch die Weise, wie die einzelnen Abteilungen wie Zimmer mit Perserteppichen aus Blumen ausgelegt sind, würde ich selbst einen Garten nicht so anlegen.

Bei mir stört es mich nicht, wenn an einer Stelle der Rabatte keine Farbe mehr ist. Ich würde das niemals übereilt mit Begonien und Dahlien auszugleichen suchen. Meine Gartengestaltung stützt sich nicht so sehr auf Farbe, und wenn, dann auf eine viel subtilere Art. Den ganzen Frühling und Sommer hindurch spülen zarte Farben über das Grundmuster aus Blattpflanzen, die alle irgendwann zur Blüte gelangen. Dann, wenn

Graublaue *Hosta* (Tardiana Grp.) 'Halcyon' steht in wunderbarem Laub- und Farbkontrast zum gelb-grün gestreiften Hakone-Waldgras (*Hakonechloa macra*) 'Aureola'; gemeinsam legen sie einen Weichzeichner über den Rand einer Rabatte an der Böschung bei der Schattenpromenade.

der Sommer geht, sprühen kleine juwelenartige Herbstblumen Funken. Ein Gefühl für Form ist genauso wichtig wie der Sinn für Farbe. Menschen, die einen sehr guten Blick für Farbe haben, schenken Form und Umriss oftmals keine Aufmerksamkeit.

Auch bei der Farbzusammenstellung muss man die Standortbedingungen beachten. Hat man beispielsweise vorwiegend bewölkten Himmel und weiches Licht und dadurch ein so kräftiges Grün, dass es fast wehtut, dann finde ich das knallige Rot, Lila und Blau mancher Züchtungen nicht gut. Vor Mauerwerk sehen sie schön aus, aber in mehr naturnah gestalteten Gärten fügen sich die zarteren Farben und kleineren Blüten der Wildarten harmonischer in das Grün der Umgebung.

Die Blüten schattenliebender Pflanzen besitzen im Großen und Ganzen weniger Leuchtkraft als die der sonnenliebenden. Man wird keine leuchtend scharlachroten Blüten an einer schattenliebenden Pflanze finden – diese neigen eher zu Pastellfarben. Viele Blumen mit kräftigen Farben stammen aus den Wüstengegenden der Erde, wo vom dunkelblauen Himmel die kupferne Sonne brennt. Verwendete man in solchen Gegenden blasse Farben, so würden sie ausgebleicht wirken. Der Kontrast aber von brauner oder roter Erde mit Scharlachrot, dem Gelb und dem leuchtenden Lila großer, kecker Blüten kann aufregend sein.

Manche der kräftigen Blütenfarben finde ich schwierig. Es gelingt aber, wenn die Gruppen klein und die Blüten selbst nicht zu groß sind, wie bei *Crocosmia* 'Lucifer', bei der ich gerade ausprobiere, wo sie am besten steht. In meine grauen Pflanzungen, in denen vor allem blasses Violett oder Rosa enthalten ist, kann ich sie nicht mischen. An anderen Stellen habe ich eine Lösung gefunden: Dort kann ich sie mit dem giftigen Gelb von Wolfsmilch und dem Dunkelblau von Salbei kombinieren und so die intensive Farbe ausgleichen. Man kann durchaus kräftige Farben verwenden, aber möglichst nur in kleinen Mengen. Eine zu große Gruppe von Pflanzen in kräftigen Farben kann alles zerstören. Sie werden am besten als Akzent gesetzt, umgeben von Gruppen mit helleren Schattierungen der gleichen Farbe. Unbedingt zu vermeiden sind Blö-

Ganz oben: Kühle Farben wie hier bei der zartfliederfarben blühenden Rautenanemone (*Anemonella thalictroides*) sind charakteristisch für schattenliebende Waldstauden.

Darunter: Warme Farben wie das kräftige Rot und Orange der Montbretien-Züchtungen (*Crocosmia*) finden sich vorwiegend bei Pflanzen, die volle Sonne bevorzugen.

cke von Pflanzengruppen in den Grundfarben, die sich gegenseitig erschlagen. Zwei starke Farbtöne heben sich gegenseitig praktisch auf, weil das Auge nicht weiß, wohin es sich wenden soll. Jede Farbe sollte die Wirkung der benachbarten erhöhen, sei es Ton in Ton oder als feiner Kontrast. Werden Farben so verwendet, werden die anderen Farben besser wahrgenommen. Wenn sie aber alle den gleichen Farbwert haben, ist die Wirkung viel geringer. Doch obgleich es sinnvoll ist, auf stärkere Farben allmählich überzuleiten, gibt es auch Ausnahmen von der Regel. Ich finde, dass die großen Blöcke streng in Reihen gepflanzter, lebhaft gefärbter Tulpen in unseren öffentlichen Parks wundervoll aussehen. In in einem kleinen Garten allerdings kann die Farbintensität übermächtig werden – hier sollte man mit Bedacht vorgehen.

„Ich pflanze am liebsten in Gruppen und lasse Freiräume dazwischen, sodass die Gestaltung mehr Tiefe erhält und Durchblicke zu anderen, dahinterliegenden Gartenbereichen entstehen. Große, ausdrucksvolle Pflanzen setzen Akzente und fügen Kontraste hinzu, wirken aber niemals unvermittelt oder abstoßend. Überraschungselemente sind notwendig, Schockeffekte nicht.“

KLEINE GÄRTEN

Wenn mein Garten kleiner wäre, müsste ich anders an die Bepflanzung herangehen. In kleinen Gärten ist es besonders wichtig, Pflanzen auszuwählen, die mehr als nur attraktive Blüten bieten. Selbst auf das Risiko hin, dass ich mit diesem Thema allmählich langweile – ich komme in diesem wie in meinen anderen Büchern immer wieder darauf zurück: Alle Pflanzen im Garten und ganz besonders in einem kleinen Garten müssen interessante, ausdrucksvolle Blattstrukturen, -farben oder -formen haben. Ich bin der Ansicht, dass auch hier die Regel gilt, dass es vor allem auf das Blattwerk ankommt. In kleinen Gärten ist Farbe möglich, aber nicht in großen Flächen. Den Wunsch nach Primelteppichen sollte man aufgeben, vielleicht kann es nicht einmal Rosen geben, abgesehen von ein bis zwei Kletterrosen oder einem besonderen Einzelexemplar, und auch das Prinzip der Fünfer- oder Zehnergruppen gilt hier nicht. Eine natürliche Harmonie hingegen entsteht automatisch dann, wenn der Garten von hohen Gebäuden oder Bäumen vollständig beschattet wird, sodass hier nur schattenliebende Pflanzen gedeihen.

In einem sehr kleinen Garten gilt es, jede verfügbare Fläche mit Blattwerk zu bedecken, das untereinander harmoniert. An der Sonnenseite stehen die trockenheitsliebenden Arten

Immergrüne Gehölze wirken mitunter langweilig und bleiern; kombiniert man jedoch kontrastierende Blattformen, -texturen und -farben, ist das Bild sofort belebt. Das zeigen auch diese beiden immergrünen Sträucher – die in Teilen Großbritanniens winterharte Zimmeraralie (*Fatsia japonica*) und *Skimmia japonica* 'Rubella'.

mit grauen, sukkulenten oder ledrigen Blättern, und an der Schattenseite Farne, *Hosta* und Tränendes Herz – zartlaubigere Pflanzen.

Es gibt kaum einen Garten, der nicht zwei verschiedene, durch den Schattenwurf von Hauswänden hervorgerufene Kleinklimata aufweist. Liegt der Garten die meiste Zeit des Tages in voller Sonne, dann kann man mithilfe geeigneter Bäume und Sträucher Schatten erzeugen. Man kann auch mit Hochbeeten neue Lebensräume für kleinere Pflanzen schaffen. Bei einem Haus in einem Neubaugebiet wird man, abgesehen vielleicht von einer Gartenmauer und der Nord- oder Ostseite des Hauses, keinen Schatten vorfinden. Verläuft die Straße in Ost-West-Richtung, ist es wichtig, auf welcher Seite der Straße man wohnt. Die Gärten auf der einen Straßenseite sind alle nach Süden und die auf der anderen alle nach Norden ausgerichtet. An der sonnigen Seite, die die heiße Nachmittagssonne abbekommt, können ganz andere Pflanzen wachsen als an der nördlichen, kühlen. Die nach Norden gelegten Gärten sind ideale Pflanzplätze für Funkien und Hortensien, während die Bewohner der gegenüberliegenden Straßenseite diese in die Vorgärten der Häuser setzen können.

Eine weitere Möglichkeit, einem Garten in der Stadt eine ganz andere Atmosphäre zu verleihen, ist die Verwendung von Wasser. Schon das kleinste Becken kann der Gartengestaltung eine andere Dimension geben. Wenn man das Wasser berührt, Spiegelungen darin beobachtet oder im Schatten eines sich biegenden Bambus sitzt (die Wurzelsperre nicht vergessen!), kann man sich ganz in der kleinen grünen Oase verlieren und Mauerwerk und Beton darum herum vergessen.

VORAUSPLANEN

Einem Gärtner wird es selten langweilig, aber auch die passioniertesten unter uns werden von Zeit zu Zeit müde – nicht nur körperlich, sondern auch gefühlsmäßig. Wie jedem anderen auch, verdirbt uns bisweilen etwas die Laune – das Wetter, ein Schädlingsbefall oder was auch immer. Niemand ist ständig guter Stimmung. Bin ich niedergeschlagen, so baut mich ein Rundgang durch den Garten fast immer wieder auf. Allerdings

gab es nach dem schrecklichen Orkan im Oktober 1987 manch düsteren Novembermorgen, an dem ich gar nicht in den Garten gehen mochte. Doch als ich erst darüber nachzudenken begann, wie ich mit den Sturmschäden und den Folgen des ungewöhnlich nassen Sommers fertig werden könnte, kehrte mein Elan zurück. Ich glaube, dass die Arbeit im Garten und die Neugestaltung die größte Befriedigung bringen – weit mehr als das fertige Ergebnis. Das Werkeln und Graben an einem scheußlichen Wintertag kann sehr wohl den Missmut vertreiben, und dann hat man plötzlich die Inspiration, wie sich etwas neu gestalten lässt, damit der Garten zu neuem Leben erwacht.

Die Gestaltung des kleinen gepflasterten Gartens bei Beth Chattos Haus könnte man hervorragend auf einen kleinen Stadtgarten übertragen. Anstelle der zentralen Partie mit der Keramik als Blickfang ließe sich ein kleines formales Wasserbecken einfügen, um so – wie Beth selbst in diesem Kapitel vorschlägt – eine zusätzliche Dimension in den Garten zu bringen.

DER KIESGARTEN

FRÜHER DER EINGANGSGARTEN

Auf den folgenden Seiten beschreibt Beth Chatto jene Gartenanlage, die sich beim Eingang befand, als sie ihr Buch „The Green Tapestry" ursprünglich verfasste. Den großen Kiesgarten legte sie erst kurz danach an, in den Jahren 1991–1992. Hier erklärt nun vorab David Ward, wie es zu der späteren Umgestaltung kam, um dann ab Seite 44 erneut von Beth zu übernehmen und ihren großen Kiesgarten vorzustellen.

1990 hatte Beth Gelegenheit, etwa zwölftausend Quadratmeter Ackerland vom Nachbarn zu erwerben. Der Garten beim Eingang und die nach Westen gewandte Rabatte, die sie im hier folgenden Text beschreibt, grenzten damals an die lange Seite des Rasenparkplatzes. Die Besucherzahlen stiegen stetig, und die Gartenvergrößerung würde ihr neuen Raum für ihre ständig wachsende Sammlung an Pflanzen für trockene, sonnige Standorte geben. Durch die Umgestaltung und Neubepflanzung dieses inzwischen weithin bekannten Trockenareals wäreendlich genügend Platz, um noch mehr Kenntnisse über die Gestaltung mit trockenheitsresistenten Pflanzen zu gewinnen.

Trocken ist nicht nur dieser Gartenbereich, sondern im Grunde die gesamte Region: Die durchschnittliche Regenmenge übersteigt hier nur selten 510 mm im Jahr. Daher entschied Beth, diesen Gartenteil nie künstlich zu bewässern, von Wassergaben nach einer Neupflanzung einmal abgesehen. Die Wahl der passenden Pflanzen war also ganz und gar entscheidend.

Im Frühsommer wartet der große Kiesgarten mit seiner schönsten Farbenpracht auf. Hier sieht man die Schwertlilie (*Iris*) 'Jane Phillips' mit dem reizenden Venus-Nabelnüsschen (*Omphalodes linifolia*) unterpflanzt, einer sich versamenden winterharten Einjährigen. Das zarte Gelb des Schöterichs *Erysimum pulchellum* unterstreicht die Farbe der Schwertlilien und das Blauviolett des strauchigen Spanischen Salbeis (*Salvia lavandulifolia*).

DER EINGANGSGARTEN

Wenn man durch den Haupteingang kommt, fällt der Blick als Erstes auf die große, nach Westen ausgerichtete, geschwungene Rabatte auf der linken Seite. Ursprünglich hatte ich vor, dort nur Sträucher zu pflanzen, und begann, im Hintergrund der Rabatte als Windschutz laubabwerfende Bäume zu setzen und mit Lorbeer, Stechpalmen und Zwergmispeln trockenheitsresistente immergrüne Gruppen zu bilden. Ein paar Jahre später pflanzte ich dahinter eine Hecke aus × *Cupressocyparis leylandii* als zusätzlichen Schutz. Nun (Anm.: 1989) ist die Rabatte mit Bäumen, Sträuchern, Stauden und Blumenzwiebeln sehr gemischt, denn je größer der Kontrast der Gestalten und Formen, desto besser.

Ich betrachte die Gestaltung dieser sehr langen Rabatten als eine „grobe" Bepflanzung, im Unterschied zu der in meinem kleinen Mediterranen Garten hinter dem Haus (siehe Seite 184), wo die Gruppen und auch die Pflanzen kleiner sind. Dies hier ist ein großer, bewusst pflegeleicht gestalteter Vorgarten, denn für eine Rabatte, die so weit entfernt liegt vom

Die Hecke aus Leyland-Zypressen, die einst den Eingangsgarten nach Osten begrenzte, steht noch heute und schützt nun den großen Kiesgarten vor kaltem Wind. Die Rabatte ist jetzt wesentlich tiefer als zu der Zeit, da sie an den Rasenparkplatz grenzte. Eine aus Saat aufgegangene Seidenhaar-Königskerze (*Verbascum bombyciferum*) bringt Höhe ins Spiel, wo die niedrige Bepflanzung in den Kiesweg übergeht.

Im Gegensatz zu den Schafgarben, denen es ohne Wassergaben in dem neuen Kiesgarten schlecht erging, gedeihen die Bergenien an dem sonnigen Trockenstandort prächtig. Im Frühjahr treiben sie zahlreiche Blütenstängel, im Winter steuern sie verlässlich Farbe bei.

übrigen Garten, können wir nicht viel Zeit aufwenden. Anstelle eines kleinteiligen Gemischs aus Hunderten von Arten hatte ich zunächst wenige Arten ausdrucksvoller und pflegeleichter Pflanzen, wie Bergenien und Schafgarben, in großen Gruppen gesetzt. Obwohl es mir vor allem darauf ankam, Kontraste durch Blattformen zu erzeugen, ist die Pflanzung nicht ohne Farbe. An einem sonnigen Wintertag zeigen die großen, glänzenden Blätter der Bergenien vielerlei Rottöne, die einen aufregenden Kontrast zu anderen Immergrünen ergeben.

Bergenien brauchen den richtigen Platz. Ich benutze sie als Unterbrechung zwischen kleinblättrigen Laubpflanzen. Ihre großen, runden, ledrigen Blätter, die im Sonnenlicht leuchten, setzen großartige Akzente und bilden einen Hintergrund für die knittrigen, kleinteiligen Blätter von *Cistus*, *Santolina* und dem Spanischen Ginster (*Genista hispanica*). Auch gegen die senkrechten Linien von *Iris foetidissima* mit ihren eindrucksvollen riemenförmigen Blättern sehen sie hübsch aus. Alle diese Pflanzen bringen Farbtöne in den Garten – besonders im Winter, wenn viele Blätter durch die Kälte rot werden. Die in der Nähe wachsende Strauchveronika bildet einen lieblichen Kontrast in Größe und Struktur. (Anm.: Mehrere Pflanzen aus der langen Rabatte im Eingangsgarten wurden für den später dort angelegten Kiesgarten gerettet. Besonders die vielen übernommenen Bergenien sollten sich als wertvolle Ruheanker in den jungen Beeten erweisen.)

„Den ganzen Frühling und Sommer hindurch spülen zarte Farben über das Grundmuster aus Blattpflanzen, die alle irgendwann zur Blüte gelangen“

Oftmals haben die Leute zu wenig Mut zur massierten Pflanzenverwendung und erzielen dann nicht die richtige Wirkung. Wenn man nur einen kleinen Garten hat und gerne Pflanzen sammelt, ist es natürlich verlockend, so viele verschiedene wie möglich zu setzen, aber eine einzelne Pflanze sieht meist nicht gut aus. Eine einzelne, ordentliche *Iris foetidissima* kann zwar sehr wirkungsvoll sein, man braucht aber mindestens drei Bergenienpflanzen, damit sie ansehnlich wirken. Werden Bergenien dann Jahr für Jahr am selben Platz belassen, so werden sie sparrig und bekommen hohe, verholzte Stämme. Es ist deshalb besser, sie alle paar Jahre aufzunehmen, zu teilen und neu zu pflanzen.

In der Art und Weise, wie man seine Pflanzen gruppiert, liegt das Wesen der Gartenkunst. Es gibt derer viele Möglichkeiten, und das ist ein Glück, denn es wäre sehr langweilig, wenn alle ihre Pflanzen auf exakt die gleiche Weise kombinierten. Gartengestaltung ist fast wie Malerei: Zwei Maler können die gleichen Farben nehmen und ganz unterschiedliche Bilder schaffen. Genauso machen wir es mit unseren Pflanzen. Es gibt aber einige Regeln. Der Boden dieser Rabatte ist sehr mager – der gleiche trockene Kies wie im Mediterranen Garten. Über die Jahre habe ich Humus zugefügt und eine Mulchauflage aus Stroh im hinteren Bereich ausgebracht; beides versorgt den Boden mit Nährstoffen und verbessert die Struktur. Es bleibt aber ein sehr durchlässiger Boden, und wenn wir im Sommer eine Trockenperiode haben, erhalten die Pflanzen von Juni bis September so gut wie kein Wasser. Sie wurden alle danach ausgewählt, ob sie diese Bedingungen überstehen können: mit ledrigen Blättern (wie die Bergenien) oder feinteiligen Blättern (wie *Santolina*) oder fleischigen (wie die *Sedum*-Arten – inzwischen *Hylotelephium*), die es ihnen erlauben, Feuchtigkeit zu speichern. Obwohl sie in längeren Trockenperioden leiden, gehen sie nicht ein. Das ist der Hauptgedanke bei meiner Pflanzenauswahl. Hier wird man keine Astern, Goldruten, Funkien oder Rittersporn finden, die alle feuchte Böden und ausreichend Niederschläge brauchen.

Wie bereits erwähnt, hat die Rabatte heute eine Hecke aus Leyland-Zypressen zum Hintergrund. Ich habe mir zwar ein-

Kaiserkronen (*Fritillaria imperialis*) gibt es in Gelb, Rot und feurigem Orange. Im Nu treibt der Blütenstängel empor; im April steht er bereits in voller Blüte. Bald danach beginnen die oberirdischen Pflanzenteile zu verblassen, und bis zur Sommermitte hat die Pflanze ihr Grün vollständig eingezogen.

mal geschworen, nie wieder Hecken zu schneiden. Wir brauchten aber eine Trennung zwischen unserem Garten und der Obstanlage unseres Nachbarn. (Anm.: Heute ist hier der Parkplatz.) Wir brauchten etwas, um die Nordostwinde abzuhalten, die aus Sibirien geradewegs über die Nordsee zu uns streichen. Mittlerweile ist die Hecke etwa 3 m hoch und nicht viel tiefer als 45 cm und bildet einen guten schützenden Hintergrund.

(Anm.: Auch für den Kiesgarten bildet diese Hecke eine unverzichtbare Kulisse; während sich ihre Höhe unter Kontrolle halten ließ, ist sie enorm in die Breite gegangen. 2020 mussten wir im oberen Teil des Kiesgartens zwei kapitale freistehende Leyland-Zypressen herausnehmen – etwas, was wir jahrelang vor uns hergeschoben hatten. Plötzlich gab es so viel Platz und Licht, dass wir einige alte Lieblinge wieder einbringen konnten und zusätzlich ein paar Neueinführungen. Für kleinere Gärten empfehlen sich kompaktere, langsam wachsende Heckengehölze.)

Im April schießen die Kaiserkronen (*Fritillaria imperialis*) hoch empor, während im Mai und Juni hohe Zierlauch-Arten wie *Allium hollandicum* interessante Vertikale bilden. Höhere Büsche von *Euphorbia characias* subsp. *wulfenii* und die niedriger wachsenden *Euphorbia epithymoides* erleuchten die Rabatte mit ihren lebhaft lindgrünen Blüten monatelang von März bis Juni. Silbrig-graue Polster von *Ballota*, *Santolina* und *Artemisia* werden von zahlreichen grünblättrigen Stauden wie

Die Lücke in der Leyland-Zypressenhecke, durch die man den Parkplatz erreicht, wird zunehmend schmaler. Kies umspült zahllose Pflanzeninseln; inzwischen wartet der Bereich ganzjährig mit unterschiedlichsten Wuchsformen und Texturen auf (hier ein Herbstbild).

Folgende Doppelseite: Im Hochsommer zeigt sich der große Kiesgarten von seiner spektakulärsten Seite. Eine stattliche Kerzen-Palmlilie (*Yucca gloriosa*) in voller Blüte dominiert die Bühne. Das silbrige Elfenbein-Mannstreu (*Eryngium giganteum*), das bereits den Eingangsgarten zierte, darf sich zwischen wogendem Mexikanischem Fiedergras (*Nassella tenuissima*) und Schmucklilien (*Agapanthus*) versamen, die ihre Blütezeit noch vor sich haben.

orientalischem Mohn, Wolfsmilch und Bergenien durchwoben. Ich streute Samen der Inkalilie (*Alstroemeria* Ligtu-Hybriden) aus, die im warmen durchlässigen Boden gedeiht und sich nun zwischen ihren Nachbarn selbst aussät. *Asphodelus albus* bildet weitere interessante Vertikalen; es folgen die gelben Junkerlilien. Die Steppenkerze *Eremurus robustus* macht sich gut vor der geschnittenen Zypressenhecke, ebenso die großen Blütenwolken der nach Honig duftenden *Crambe cordifolia*.

Weitere Bäume und Sträucher wurden für den Hintergrund mit Blick auf gute Form und Blattkontraste ausgewählt. Dazu zählen ein chinesischer Wildapfel (*Malus hupehensis*), *Rosa glauca*, *Genista aetnensis* und *Crataegus persimilis* 'Prunifolia', dessen glänzende Blätter sich im Herbst in das lebhafteste Rot verwandeln.

(Anm.: Als die lange Rabatte in den großen neuen Kiesgarten integriert wurde, wurden viele dieser Gehölze durch Pflanzen ersetzt, die besser zu den aktuellen Bedingungen und der neuen Anmutung passten. So mussten *Malus* und *Crataegus*

Beim Blick über die lange Rabatte bei der Hecke fällt auf, wie viele Pflanzen aus der ursprünglichen Gestaltung ihren Weg in den Kiesgarten fanden. Die meisten zeigen sich Jahr für Jahr in voller Pracht, darunter Katzenminze, Wolfsmilch und Woll-Ziest; einige andere, darunter der wunderschöne zartrosa Gartenmohn (*Papaver* Oriental Grp.) 'Cedric Morris', dem ein besonders aggressiver Mehltau zum Verhängnis wurde, sind eingegangen.

weichen; *Rosa glauca* und Ätna-Ginster (*Genista*) dagegen wurden in die neue Gestaltung einbezogen.)

Die meisten Aufräumarbeiten erfolgen aus ästhetischen Gründen im Herbst, aber manchmal ist es sinnvoller, die oberirdischen Teile der Pflanze als Winterschutz zu belassen. Es kann sehr schwierig sein zu entscheiden, was stehen bleiben soll, damit der Garten interessant bleibt. Aber wenn man den Garten mit Bedacht bepflanzt hat, sollte er auch dann noch gut aussehen, wenn die Hauptdarsteller des Sommers abgetreten sind oder entfernt wurden. Wenn ich im Winter in meinem Wassergarten umherschlendere, sagt mir nur die Erinnerung, was dort stand. Das Pflanzengerüst der Eingangsrabatte aber bleibt fast ganz erhalten, und das Einzige, was verschwunden ist, sind die erfrorenen Stängel der Sommerblüher.

Eine sommerlange Attraktion in dieser Rabatte ist die große, der Artischocke ähnliche Kardone, *Cynara cardunculus*, mit ihrem anmutig geschwungenen Laub. Diese muss man herausnehmen, wenn sie nicht mehr schön ist. Das Gleiche gilt für die Blütenstände des Fenchels, bevor sie versamen. *Hylotelephium* 'Herbstfreude' zeigt sich sogar im Januar noch in guter Form und satter Farbe. Manchmal lasse ich es den ganzen Winter über stehen. Mit etwas Glück sehen auch Bergenienblätter im Winter attraktiv aus. Manche werden im späten Herbst, bevor sie absterben, rot und gelb. Andere bleiben den ganzen Winter erhalten und erröten beim ersten Winterfrost zu herrlichen Schattierungen von Kirsch- bis Pflaumenrot.

Als ich dieses Beet ursprünglich anlegte, verzichtete ich auf das eigentlich nötige, Tiefe gebende Gerüst von Bäumen und Gehölzen, weil ich mir damals nicht leisten konnte, viel zu kaufen. Wie so oft tendierte ich dazu, so viel wie möglich aus Samen und Stecklingen heranzuziehen. Im Laufe der Jahre sind die Pflanzen aber herangewachsen, und Veränderungen wurden durchgeführt. Einige Bäume saßen zu dicht, andere erlitten Sturmschäden und mussten entfernt werden.

Hat man erst einmal die Trauer um den Verlust der Lieblingspflanzen überwunden, kann der Gedanke, dass jetzt Platz für etwas Neues ist, aufregend sein. Am Ende der Rabatte, nahe am Haus, wächst eine enorme, gekappte Eiche, die wohl über

Die große Fetthenne (*Hylotelephium*) 'Herbstfreude' wartet mit einem zusätzlichen Bonus auf: Während das Ziegelrot der Blüten im Herbst und Winter allmählich verblasst, verbleiben die Samenstände als Strukturgeber.

„Wenn man den Garten mit Bedacht bepflanzt hat, sollte er auch dann noch gut aussehen, wenn die Hauptdarsteller des Sommers abgetreten sind."

200 Jahre alt ist. Es ist ein prächtiger Baum mit mehreren Nebenstämmen, die aus dem oberen Teil des gestutzten Hauptstammes entspringen. Unter ihrer Krone habe ich einige gute, dauerhafte Bodendecker gepflanzt. Im Sommer bildet das Eichenlaub einen vollständigen Schirm, sodass der Boden sehr trocken werden kann. Seit Jahren bemühe ich mich, Pflanzen darunter anzusiedeln. Schließlich pflanzte ich eine goldlaubige Stechpalme *Ilex × altaclarensis* 'Golden King', die zu einem stattlichen Strauch herangewachsen ist. Im Frühling ist der Boden mit Winterlingen und Schneeglöckchen – *Galanthus elwesii* ist eine gute, kräftige Art – bedeckt; im Herbst folgen Herbstzeitlosen. Sehr gut zu den Schneeglöckchen passt *Arum italicum* subsp. *italicum* 'Marmoratum' (Syn. *A. i.* subsp. *i.* 'Pictum'). An einer Stelle scheint es sich mit unseren heimischen *A. maculatum* gekreuzt zu haben, das Ergebnis ist eine neue Pflanze mit viel größeren Blättern, aber mit der schönen Aderung der italienischen Unterart. Diese Blätter – mindestens 30 cm lang und fast ebenso breit – beginnen im Herbst zu treiben. Im Frühjahr, wenn die grünen Blütenkelche erscheinen, sind sie am schönsten; danach kommt, abgesehen von den roten Herbstbeeren, nichts mehr.

(Anm.: Die Beeren entfernen wir inzwischen, denn Beths geliebter Aronstab hat sich in drei Jahrzehnten so gründlich ausgebreitet, dass er zu einer wahren Plage geworden ist. So schön die Blätter als Winterschmuck sind: Sie erdrücken zartere Pflanzen, und all die Knollen und Knöllchen wird man nie wieder los. Also schneiden wir die Fruchtstände konsequent ab, bevor die Beeren zur Reife kommen, damit die Vögel sie nicht fressen und weiterverbreiten.)

DER GROSSE KIESGARTEN

Hier übernimmt wieder Dave Ward:

Nachdem Beth etwa vierzig Jahre lang trockenheitsresistente Pflanzen gezogen hatte, stand sie 1991 vor einer neuen Herausforderung. Durch die geplante Verlegung des Besucherparkplatzes von seinem bisherigen Standort westlich der Leyland-Zypressenhecke sollte sich der Garten um dreitausend Quadratmeter vergrößern. Der Boden in diesem Bereich war

Ende November lässt die frühe Morgensonne beim Blick Richtung Haus die Blütenstände des Riesen-Federgrases (*Stipa gigantea*) aufleuchten. Rechts sieht man die gewaltige gekappte Stiel-Eiche (*Quercus robur*), die womöglich vierhundert Jahre zählt; links einer der noch verbliebenen Eukalyptusbäume als Gegengewicht.

stark verdichtet und nährstoffarm, und die geringen Niederschlagsmengen und austrocknenden Winde der Region machten die Situation nicht besser. Beth beschloss, den neuen Gartenabschnitt nie zu wässern; hier würden also nur Pflanzen gedeihen, die von Natur aus an solche Bedingungen angepasst waren. So entstand das Konzept des großen Kiesgartens. Als Gestaltungsprinzip schwebte Beth ein ausgetrocknetes Flussbett vor: eine Abfolge geschwungener Inselbeete, um die sich Kieswege wie Fließrinnen schlingen. Für die Detailplanung verzichtete sie auf Papier und Bleistift und griff stattdessen auf ihre bewährte Methode zurück, die Beete an Ort und Stelle mit Gartenschläuchen zu planen. So war jedes zukünftige Beet im Bezug zu seinen Nachbarbeeten zu sehen, und Beth hatte zugleich den nächsten Abschnitt im Blick, sodass sie einen gefälligen Verlauf der Haupt- und Nebenwege sicherstellen konnte. Ihr war klar, dass das Gesamtbild und die Details gleichzeitig

Beths geliebter, inzwischen umstrittener Italienischer Aronstab (*Arum italicum* subsp. *italicum*) 'Marmoratum' hat sich über die gesamte Gartenanlage verbreitet. Mit seinem gewellten, attraktiv marmorierten Laub ist er fraglos ein schöner Bodendecker; ihn davon abzuhalten, sich immer weiter zu versamen, erweist sich allerdings inzwischen als Sisyphusarbeit.

aufeinander abgestimmt werden mussten, wenn sie einen ausgewogenen Eindruck erzielen wollte.

Der Boden des Areals war dermaßen verdichtet, dass Beth diesmal auf ihre bevorzugte Beetvorbereitung – das Umgraben mit dem Spaten – verzichtete. Ein Tiefenlockerer musste her, ein landwirtschaftliches Gerät, das kompaktierten Unterboden aufbricht; danach warf ein Pflug die Grasnarbe um, und schließlich wurden die Schollen mit der Ackerwalze zerkleinert. Der Boden war hier so mager, dass seine Wasserhaltefähigkeit dringend verbessert werden musste. Beth entschied sich für Holzasche, Champignon- und Gartenkompost, und all dies wurde zwei Spaten tief eingearbeitet. Bei eher durchschnittlichem Boden mag dies für trockenheitsverträgliche Pflanzen ein wenig übertrieben klingen, aber Beth fand, man solle nie von einer Pflanze verlangen, mit dem äußersten Minimum auszukommen; stattdessen sollte man ihnen zu den bestmöglichen Startbedingungen verhelfen, sodass sie gutes Wurzelwerk ausbilden können, um extreme Trockenheit und Kälte besser zu überstehen.

Legende

1 *Agapanthus* (1×)
2 *Allium hollandicum* 'Purple Sensation' (flächig)
3 *Allium sphaerocephalon* (flächig)
4 *Ballota pseudodictamnus* (1×)
5 *Bergenia* (14×)
6 *Cistus × argenteus* 'Peggy Sammons' (1×)
7 *Euphorbia characias* subsp. *wulfenii* (3×)
8 *Oenothera lindheimeri* (1×)
9 *Hylotelephium* 'Herbstfreude' (1×)
10 *Juniperus scopulorum* 'Blue Arrow' (1×)
11 *Nepeta* (3×)
12 *Origanum vulgare* 'Thumble's Variety' (5×)
13 *Scilla* (flächig)
14 *Stachys byzantina* (7×)
15 *Stipa gigantea* (1×)
16 *Nassella tenuissima* (6×)
17 *Teucrium × lucidrys* (7×)
18 *Thymus* (8×)

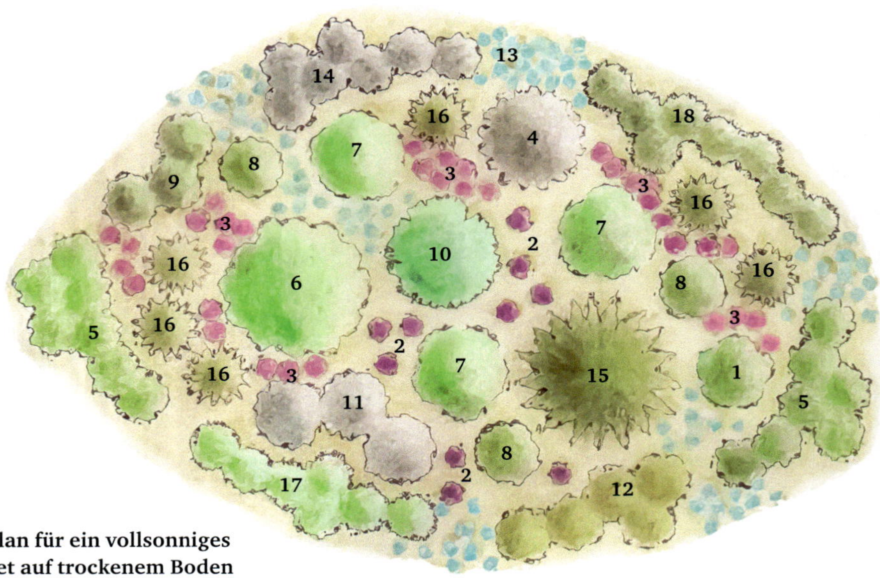

Pflanzplan für ein vollsonniges Inselbeet auf trockenem Boden
Die angegebene Bepflanzung ist ausreichend für ein etwa 5 Meter tiefes und 8 Meter breites Inselbeet.

Die Bepflanzung des Kiesgartens

Beth bedachte für ihre dicht verwobenen, mit jeder Jahreszeit frisch anmutenden Pflanzenkombinationen neben der Horizontalen immer auch die Vertikale: Kaum zieht eine Pflanzengruppe ihr Laub ein, schiebt sich das junge Grün einer anderen empor. Dies kann jedoch nur dann funktionieren, wenn sich die Horste ausbreiten dürfen und man zulässt, dass neue Pflanzen an geeigneten Plätzen aus Samen aufgehen. Oft werden wir gefragt, ob wir das Unkraut hier mit Mulchfolie unterdrücken. Das wäre auf einer solchen Fläche ausgesprochen schwierig zu bewerkstelligen. Unser Ziel ist, dass unsere Stauden selbst die unerwünschten Pflanzen verdrängen; genau dafür ist es wichtig, dass sie sich versamen. Ursprünglich wurde dieser Prozess von Beth mit ihrem erfahrenen Blick gelenkt, unterstützt durch ihr Gartenpersonal, das diese Arbeit heute fortführt.

Zwei hoch aufragende Königskerzen rahmen den Blick auf die Rabatte im Hintergrund. Die sich gern versamende Seidenhaar-Königskerze (*Verbascum bombyciferum*) ist als Leitstaude und Vertikale unverzichtbar. Überzählige Jungpflanzen sind problemlos entfernt, sodass man die Nachkommen ganz einfach auf die bestplatzierten Exemplare reduzieren kann.

Die Gerüstbildner

Bei jeder Beetgestaltung ging Beth nach ihrem wichtigsten Grundsatz vor: Sie begann mit den großen Gerüstbildnern, die sie dann mit einer Symphonie aus kleineren Pflanzen umgab. Mehrere lichte Bäume, die sie gezielt einbrachte, stellen einen räumlichen Eindruck her, ohne dabei allzuviel Schatten zu werfen. Für den großen Kiesgarten wählte sie Eukalyptusbäume, um von der wuchtigen Zypressenhecke abzulenken und zugleich „den Himmel zu bemalen" – ein Aspekt, der ihr immer sehr wichtig war. Drei dieser Bäume beherrschen heute die Silhouette dieses Gartenteils, darunter ein Breitblättriger Eukalyptus (*Eucalyptus dalrympleana*), den Beth ursprünglich kurz hielt; der attraktive Hintergrundstrauch hat sich heute zu einem echten Blickmagneten entwickelt, der sich hoch über diesen Gartenteil erhebt. (Man sollte diesen Eukalyptus allerdings nie in Gebäudenähe pflanzen, will man keine Wurzelschäden riskieren.) Hinzu kommen einige kleinere lichte Bäume, die in den Beeten Akzente setzen. Mehrere Ätna-Ginster (*Genista aetnensis*) wirken mit ihrem grazilen Habitus als Aspektbildner; im Sommer steuern sie Unmengen duftender gelber Blüten bei. Man muss jedoch immer achtgeben, dass es nicht zu viele Gehölze werden, mit zu viel Schattenwurf, denn dürreresistente Pflanzen lieben ausnahmslos die Sonne. Schlank aufstrebende Nadelgehölze sind an solchen Standorten ebenfalls eine gute Wahl, darunter blaue Wacholder wie etwa der Felsengebirgs-Wacholder (*Juniperus scopulorum*) 'Blue Arrow'.

Die mittlere Etage

Für die Inselbeete waren niedrige Pflanzen gefragt, die in der Lage sind, trotz des sommerlichen Wassermangels auf dem durchlässigen Boden zu überleben. Diese findet man vornehmlich rings um das Mittelmeer. Darunter sind viele silberlaubige Pflanzen – diverse Lavendelarten, weißfilzige Kreta-Nessel (*Ballota pseudodictamnus*), das Graue Heiligenkraut (*Santolina chamaecyparissus*) mit seinen wollfilzigen Blättern sowie Beifußgewächse unterschiedlichster Gestalt und Größe, von kräftigen fiederblättrigen Sträuchern bis hin zu seidigen Kriechpflanzen. Um der Monotonie zu entgehen, die ein Übermaß an rundlichen Formen mit sich bringt, fügte Beth dramatisch aufragende Stauden wie die Seidenhaar-Königskerze (*Verbascum bombyciferum*) hinzu, aus deren silberfilziger Blattrosette hohe Blütensschäfte aufstreben, um sich im Sommer mit kleinen gelben Blüten zu schmücken. Die Ähren von *Salvia* 'Blue Spire' steuern zur selben Jahreszeit unaufdringliches Blau bei, assistiert von den malvenfarbenen Blütenständen des Patagonischen Eisenkrauts (*Verbena bonariensis*), die sich bis weit in den Herbst hinein zeigen.

„Den Kiesgarten habe ich bewusst so angelegt, dass er von Jahr zu Jahr attraktiver und komplexer wird und jede Jahreszeit mit dem Fortschreiten des Experiments einen immer stärkeren Charakter entwickelt."

Eine ähnliche Rolle spielen Zwiebelblüher. Beth platzierte gern diverse Zierlauch-Arten mit tennisballgroßen Blütenköpfen im Hintergrund der Rabatte, wo sich ihre malvenrosa Blütenkugeln schön gegen die dunkle Hecke abzeichnen. Im Frühsommer steuern Bulgarischer Honiglauch (*Nectaroscordum siculum* subsp. *bulgaricum*), Byzantinische Siegwurz (*Gladiolus communis* subsp. *byzantinus*) und Persische Kaiserkrone (*Fritillaria persica*) wirkungsvolle vertikale Akzente bei.

Viele trockenresistente Kiesgartenpflanzen tragen Blattwerk, das sich auf die eine oder andere Weise gegen Verdunstung und Sonnenbrand schützt. Manche begegnen der Tro-

Zwei den großen Kiesgarten prägende Gehölze: Im Juli verströmen die gelben Schmetterlingsblüten des Ätna-Ginsters (*Genista aetnensis*) süßen Duft. Der raschwüchsige Breitblättrige Eukalyptus (*Eucalyptus dalrympleana*) im Hintergrund ist nichts für kleine Gärten: In dreißig Jahren hat dieses Exemplar bereits zwanzig Meter Höhe erreicht.

ckenheit mit fein geteiltem Laub. Pflanzen mit saftigem Laub, wie die Funkien mit ihren großen weichen Blättern oder die zarte Schaumblüte (*Tiarella*), die beide nur zu leicht verbrennen und daher zwingend Schatten benötigen, sucht man in diesem Gartenteil vergebens; große ganzrandige Blätter finden sich einzig in Gestalt der festen Blattschwerter der Palmlilien (*Yucca*) und des ledrigen Laubs der Bergenien. Eine weitere Art der Anpassung zeigen Pflanzen, die zeitig im Jahr austreiben und ebenso bald wieder einziehen, um noch vor der Dürreperiode in Sommerruhe zu verfallen; hierzu zählen manche Stauden und viele Zwiebelblüher.

Die meisten Gartenmenschen haben verinnerlicht, dass kleine Pflanzen in den Beetvordergrund gehören und große nach hinten. Hält man sich jedoch zu streng an dieses Prinzip, wird es schnell langweilig. Hin und wieder sollte es gebrochen werden, indem man mit der einen oder anderen Pflanze – einem rundlichen Horst oder sogar einer kleinen Vertikalen – den durchweg niedrig bepflanzten Beetrand bereichert. So entsteht ein weitaus lebendigerer, dreidimensionaler Eindruck.

Das zweite Prinzip, das Beth bei all ihren Kompositionen beherzigte, ist das asymmetrische Dreieck (siehe Seite 26). „Das Prinzip ist nicht ganz leicht zu erklären, aber wenn man es sieht, versteht man es sofort“, sagte sie immer. Im Aufriss be-

Linke Seite: Die Seidenhaar-Königskerze (*Verbascum bombyciferum*) ist perfekt an diesen Trockenstandort angepasst. Das Laub reflektiert die Sonne mit silbrigweißem Filz, der zudem jedes bisschen an Feuchtigkeit einfängt. Da all diese Pflanzen aus den Trockenregionen der Welt stammen und ähnliche Standortbedingungen benötigen, ergänzen sie sich hier auf ganz natürliche Weise.

Viele Zwiebelblüher halten Sommerruhe und sind damit perfekt an Trockenstandorte angepasst. Der auffällige Bulgarische Honiglauch (*Nectaroscordum siculum* subsp. *bulgaricum*) ist einer der spätesten: Die hübschen zweifarbigen Blütenglocken öffnet er erst im Juni, wenn sein Laub bereits wieder abgestorben ist.

ginnt dies unten, beim süß duftenden Thymian mit seinen winzigen Blättchen, setzt sich darüber mit niedriger Wolfsmilch und höherem, silbergrauem Lavendel und Kreta-Nesseln bis hin zur noch etwas höheren Mittelmeer-Palisaden-Wolfsmilch (*Euphorbia characias* subsp. *wulfenii*) fort und hält schließlich bei einem Großstrauch inne, etwa einer Felsenbirne. Ist der Blick dergestalt umgelenkt, lässt er sich weiter in die Höhe leiten, etwa zu einer weiter hinten platzierten Arizona-Zypresse (*Cupressus arizonica*), einer wertvollen, trockenheitsliebenden Konifere. Wir streben auf keinen Fall ein Gleichmaß an, mit lauter gleichhohen Gewächsen in Reih und Glied – was wir wollen, ist eine Silhouette mit Charakter. Das gelingt vielleicht

Blattwerk und Blüten, Vertikalen und Flächen verweben sich hier zu einem lockeren, informellen Teppich. Die auf steifen Halmen getragenen rotvioletten Blütenkugeln des Kugel-Lauchs (*Allium sphaerocephalon*) setzen einen hübschen Kontrast zum Mexikanischen Fiedergras (*Nassella tenuissima*), während die straff aufrechten Blütenähren der Chaix-Königskerze (*Verbascum chaixii*) bereits Samen bilden. Im Vordergrund ein einsamer, aus Saat aufgegangener Elfenbein-Mannstreu (*Eryngium giganteum*).

Die wogenden mandelgrünen Blütenstände der Mittelmeer-Palisaden-Wolfsmilch (*Euphorbia characias* subsp. *wulfenii*) nehmen die Farben der Konifere im Mittelgrund auf und schließen die Rabatte nach vorn hin ab – ein perfekter Rahmen für die Violett- und Blautöne von Schwertlilien und Zierlauch.

nicht immer, aber wo es glückt, ergibt sich ein wunderbarer Rahmen für den weiteren Ausblick.

Der Beitrag, den Blattwerk mit seinen Formen, Texturen und Farben leistet, war Beth ebenso wichtig. „Es wird mir nie langweilig, allein mit Blattwerk Muster zu gestalten, ganz ungeachtet jedweder Blüten. In den trockeneren Gartenpartien findet sich dadurch selbst im November, wenn rein gar nichts mehr blühen will, noch reichlich Farbe – Silber, Grau, Graublau und Blaugrün, dazu die warmen Bronzetöne des struppigen Fingerstrauchs. Auch ohne Blüten ist viel Farbe möglich. Genauso interessant wie die Farben der Blätter sind jedoch ihre Formen und Texturen, von ganz fein zerteilt bis hin zu groß und ganzrandig – ein unverzichtbarer Kontrast. Bei einer durchgehend kleinteiligen Gestaltung, mit nichts als so winzigen Blättern, wie sie Thymian und Lavendel haben, bleibt jegliche Wirkung aus. Wichtig sind ausdrucksstarke Blattformen wie die von *Euphorbia characias* subsp. *wulfenii* und für den Hintergrund die schönen Blattschwerter der *Iris foetidissima*. Die rundlichen Kissen der *Ballota* mit ihrem samtigen, fast an Waschleder erinnernden weißlichen Blattwerk setzen ebenfalls wirkungsvolle Kontraste. In einem sehr strengen Winter stirbt diese Staude oberirdisch fast völlig ab, aber aus der Basis treibt sie verlässlich wieder aus."

Weitere Kontraste setzte Beth mit kräftigen Farbakzenten inmitten der vorwiegend zurückhaltenden Palette, gern beispielsweise mit Fackellilien (*Kniphofia*). Von diesen hatte sie im Laufe der Jahre etliche gute Varianten ausgelesen, sodass sie über ein ganzes Spektrum an Größen und Blütenfarben verfügte, von Tiefrot und Leuchtendorange bis hin zu Zitronengelb, sanftem Apricot und sogar Grüntönen. Gern spielte sie auch Rot gegen Giftgrün aus – im Frühling zum Beispiel mit kräftig roter *Anemone × fulgens* zu gelbgrün blühender Wolfsmilch, im Sommer mit blutroten Montbretien zu den hohen Dolden des Sichelblättrigen Hasenohrs (*Bupleurum falcatum*).

Über etliche Jahre ergänzte Beth die Beete mit vorgezogenen Einjährigen – neben Ziertabak waren dies unter anderem Schmuckkörbchen, allen voran die weiße *Cosmos bipinnatus* 'Purity', sowie niedriger Gold-Zweizahn (*Bidens ferulifolia*),

Generell passen helle, sanfte Farben am besten zum Stil und zur Atmosphäre von Beths Kiesgarten. Tatsächlich dominieren bei den trockenresistenten Pflanzen Pastellfarben. Hier spült eine unbekannte Inkalilien-Sorte (*Alstroemeria*) einen sanft kontrastierenden Farbton zwischen das Grau und Grün von Kreta-Nessel (*Ballota*), Wolfsmilch und Bergenien; dahinter leiten die weit übergeneigten Grasblüten des lange schmückenden Mauretanischen Weinrieds (*Ampelodesmos mauritanicus*) den Blick zum Gehölzhintergrund empor.

der ihr besonders gut inmitten von sommergrünem Bergenienlaub gefiel. Dies gab sie erst auf, als sich die Lücken mit mehrjährigen Pflanzen gefüllt hatten.

Beths Tradition, die gewaltigen Hundertjährigen Agaven (*Agave americana*) während des Sommers in die Beete zu setzen, führen wir bis heute fort. Diese steuern in manchen Bereichen des Kiesgartens einen unverzichtbaren architektonischen Blickfang bei; zugleich sorgen sie für ein gewisses Wüsten-Ambiente.

DER LAUF DER JAHRESZEITEN

Fast täglich gehe ich durch den großen Kiesgarten, und immer wieder nimmt es mich gefangen, wie interessant er sich sogar in den Wintermonaten zeigt. Doch auch dann, wenn alles wieder grünt und blüht, sind in diesem Gartenabschnitt Beths Grundprinzipien „Struktur – Form – Textur“ am konsequentesten sichtbar, egal zu welcher Jahreszeit.

Frühjahr

Der Winter mag noch so schön sein – wenn erst die Temperaturen steigen und die Sonne lockt, kann sich niemand dem Reiz des Frühlings entziehen. Blausterne (*Scilla*), Puschkinien und Frühlingssterne (*Ipheion*) haben sich so gut etabliert, dass sie diesen Gartenteil mit ganzen Teppichen in Blautönen überziehen, und aus Samen herangewachsene Pfauen-Anemonen (*Anemone pavonina*) öffnen ihre roten, weißen, pink- oder lachsfarbenen Blüten, wo immer es ihnen gefällt. Zwischen niedrigen Sträuchern und Bodendeckern schieben sich spätere Zwiebelblüher empor, allen voran Zierlauch und Wildtulpen, und lassen ahnen, dass sie nicht die Letzten sein werden.

Sofern der März nicht kalt bleibt – in Ostengland keine Seltenheit –, wird nun der Kiesgarten aufgeräumt. Es erfolgt der Rückschnitt der Gräser, und alte Samenstände werden entfernt. Das dunkle Pflaumenviolett des Bergenienlaubs, das den Wintergarten zum Leuchten brachte, wechselt mit den länger werdenden Apriltagen zurück zu Grün; gleichzeitig kommen und gehen die Bergenienblüten, und dazu hier und da die apfelgrünen Blütenstände der Korsischen Nieswurz (*Helleborus*

„Ich war überrascht und zugleich hocherfreut, wie gut alles gewachsen ist. Die heiße, regenlose Phase im Mai/Juni 1996 hat uns sehr auf die Probe gestellt, aber zum Glück folgte früh genug Regen, sodass alles neu austreiben konnte, und der neue Garten wirkt schon jetzt eingewachsen. Lücken habe ich den Sommer über mit mehreren frostharten Einjährigen gefüllt, darunter der grün blühende Ziertabak (Nicotiana) ‘Lime Green’ […] Es ist ein Experiment, von dem wir viel lernen können.“

argutifolius) als schöne Ergänzung. Nun richten sich auch die Triebe der Mittelmeer-Palisaden-Wolfsmilch auf und öffnen ihre Knospen; das strahlende Gelblichgrün ihrer Scheinblüten ist ein hübscher Kontrast zum leuchtenden Rot der Kaiserkronen (*Fritillaria imperialis*), die noch von der Eingangsgarten-Rabatte herrühren. Dieselbe Farbkombination findet sich in kleinerem Maßstab mit der Vielfarbigen Wolfsmilch (*Euphorbia epithymoides*) 'Major' und strahlend roter *Anemone × fulgens*.

Ferula tingitana 'Cedric Morris' ist ein vergleichsweise niedriger Riesenfenchel mit attraktiv glänzendem Laub und kleinen gelben Blüten in verzweigten Dolden; mit seinen schlanken Stängeln bringt er wertvolle Vertikalen in die Rabatte.

Sommer

Mit den ersten Frühsommertagen ist die Blüte der Zierlauche schon wieder vorüber, aber wir lassen ihre Samenstände so lange stehen, wie wir nur wagen (auf dem trockenen, warmen Boden gehen sie zu Hunderten aus Samen auf). Der im Frühling noch gut sichtbare Kiesmulch verschwindet nun unter dem Blattwerk all der Pflanzen, die eilends Blüten treiben, bevor es zu heiß und zu trocken wird. Beths rundliche Kissen – Kreta-Nessel, Heiligenkraut, Lavendel, Sonnenröschen, um nur einige zu nennen – sind nun voll entwickelt. Dazwischen setzen andere Stauden vertikale Akzente: Weißer Affodill (*Asphodelus albus*), Seidenhaar-Königskerze (*Verbascum bombyciferum*), Riesenfenchel (*Ferula communis*).

Im Lauf der Jahre haben sich winterharte Einjährige aus Saat etabliert; damit sie nicht überhandnehmen, reduzieren wir sie immer wieder radikal. Die weiße Form einer ungewöhnlichen, silbrig geaderten Milchfleckdistel, *Galactites tomentosa*, wird sehr häufig kommentiert, und ebenso die Tatsache, dass wir ausschließlich die zartgelbe Form des in der Wildform orange blühenden Kalifornischen Kappenmohns (*Eschscholzia californica*) zur Blüte gelangen lassen.

Einjähriger Mohn ist hervorragend an das trockene ostenglische Klima adaptiert, und so lassen wir den wunderschönen pastellfarbenen Klatschmohn (*Papaver rhoeas*) 'Mother of Pearl', den Cedric Morris auslas, ganze Flächen besiedeln. Was zur roten Wildform zurückschlägt, entfernen wir sorgsam, denn es würde im Nu die Vorherrschaft übernehmen. Relativ neu ist der Gelbmilchende Saat-Mohn (*Papaver dubium* subsp.

lecoqii) 'Albiflorum', den wir „Beths Mohn" nennen, auch wenn unklar ist, woher er stammt.

Manche von Beths ursprünglich hier vorgesehenen Stauden haben den heiklen Trockenstandort nicht überlebt; andere fühlen sich ausgesprochen wohl. Unterschiede beobachten wir sogar innerhalb einer Gattung: Hundskamillen mit grünem Laub, etwa die Färber-Hundskamille (*Anthemis tinctoria*) 'E. C. Buxton', haben zu kämpfen, wohingegen sich jene mit grauem Laub als völlig robust erwiesen haben. Weitere verlässliche Sommerblüher im großen Kiesgarten sind die Prachtkerze *Oenothera* (zuvor *Gaura*) *lindheimeri* und das Patagonische Eisenkraut (*Verbena bonariensis*), hier nur halb so hoch wie sonst. Die Schmucklilien danken den warmen Boden mit zahlreichen Blütentrieben. Gräser sind wichtig aufgrund ihrer

Hier sieht man das Pflanzdetail von Seite 34–35 im Zusammenhang; es ist gut zu erkennen, wie angenehm sich die kleine Gruppe in das Gesamtbild fügt. Diese Gartenpartie bezaubert mit ihrer vielschichtigen Komposition, von den hingestreckten Pflanzen im Vordergrund über die höheren Stauden weiter hinten bis zu den Gehölzen, die sich darüber erheben.

langen Schmuckwirkung – auf das Mexikanische Fiedergras (*Nassella tenuissima*) und das Riesen-Federgras (*Stipa gigantea*), die beide bis weit in den Winter dekorativ bleiben, könnten wir nicht verzichten.

Herbst

Kommt der Herbst, dominiert im Kiesgarten allmählich wieder die Grundstruktur, und noch immer kommen und gehen die Blüten. Nachdem sie die trockenen Sommermonate als Zwiebeln im Boden überdauert haben – die ideale Überlebensstrategie –, sorgen Herbstblüher für einen überraschenden zweiten Frühling, bevor schließlich der Winter einsetzt.

Krokusblütige Herbstzeitlosen schmücken im September und Oktober den schattigeren Gartenteil; die eigentlichen Herbstkrokusse sind durch *Crocus speciosus* 'Albus' vertreten, dessen schmal zulaufende Blütenblätter an milden Tagen ihre ganze Pracht entfalten. Fetthennen (bislang *Sedum*, nun *Hylotelephium* genannt) und Gräser sind unverzichtbare Akteure dieser Jahreszeit; ihre reifenden Samenstände ergänzen sie mit kräftigen Herbstfarben.

Jahrelang wartete gleich neben unserem Teehaus ein Essigbaum (*Rhus typhina*) mit flammenden Herbstfarben auf, bis er irgendwann so sehr kränkelte, dass wir ihn herausnehmen mussten. Nicht weit davon, unter der immer breiter werdenden Krone der alten gekappten Eiche, kleidet sich eine Kupfer-Felsenbirne (*Amelanchier lamarckii*) in spektakuläres Rot und Orange. Dieser anpassungsfähige Großstrauch war einer von Beths Favoriten; sie verwendete ihn etliche Male im Garten. Eine strauchige Mittelmeer-Palisaden-Wolfsmilch lässt ihre Triebspitzen fest eingerollt; zu ihren Füßen wechselt bei sinkenden Temperaturen und kürzer werdenden Tagen 'Mrs Crawford' als erste Bergenie die Farbe.

DER GROSSE KIESGARTEN HEUTE

Beth sagte über ihren Kiesgarten gern, er sei ins Leben getreten „wie ein Baby, das unablässig Aufmerksamkeit und Hilfe braucht, um als Teenager über die Stränge zu schlagen und schließlich, als Erwachsener, ruhig und gesetzt zu werden.“

Hat der Winter die Bepflanzung auf ihr Grundgerüst reduziert, ist das Konzept des verzweigten Flussbetts unübersehbar; das Beet im Vordergrund entstand 2019, als zwei vorhandene Beete zusammengelegt wurden.

Im Spätsommer trägt der Garten ein ganz anderes Gewand, die Palette verschiebt sich hin zu sanften Gold- und Brauntönen. Am schönsten wirkt er an einem Sonnentag, wenn sich das Licht in den seidigen Blütenständen des Mexikanischen Fiedergrases (*Nassella tenuissima*) fängt und die gelben Blüten des Ätna-Ginsters (*Genista aetnensis*) im Hintergrund aufleuchten lässt.

Mir scheint, inzwischen verspürt dieser Erwachsene die ersten Zipperlein, denn seit einigen Jahren stehen in diesem Areal wie in allen anderen Gartenbereichen immer wieder Instandsetzungen und Neupflanzungen an. Zwei Dürresommer (2018 und 2020) haben uns gezeigt, dass wir noch nachhaltiger pflanzen müssen und das Pflanzenspektrum, das wir als dürreresistent betrachten, nochmals einem genauen Blick unterziehen müssen.

Ständig sind wir auf der Suche nach neuen gartenwürdigen Arten und Sorten, um unsere Pflanzenpalette zu erweitern. Bei einem erneuten Blick auf das Pflanzenverzeichnis in Beths *Der Kiesgarten* stellten wir mit Erstaunen fest, dass dort weder das Reiher-Federgras (*Stipa barbata*) noch der Kalifornische Strauchmohn (*Romneya coulteri*) erwähnt sind – zwei Pflanzen, die den Sommergarten inzwischen stark prägen. Zugleich haben sich etliche anfangs verwendete Stauden als nicht ausreichend dürrefest erwiesen, darunter Hundskamillen und Schafgarben ebenso wie Beths wunderschöne, eigenhändig selektierte Fackellilie (*Kniphofia*) 'Little Maid'. Neu eingebrachte Pflanzen behalten wir grundsätzlich gut im Auge, denn ein zweites „Aronstab-Problem" wollen wir uns nicht einhandeln. Daher werden wir auch nicht noch einmal die Zypressen-Wolfsmilch (*Euphorbia cyparissias*) 'Fen's Ruby' pflanzen, denn diese hat sich ebenfalls viel zu begeistert vermehrt.

Seit kürzlich die beiden großen Leyland-Zypressen gefällt wurden, ist der Blick frei auf einen scheußlichen Telegrafenmast mitsamt Kabeln. Genau um dessentwillen hatte Beth damals die Koniferen gepflanzt. (Es war wohl das falsche Gehölz, wie sie später selbst meinte, denn diese Art treibt nicht wieder aus, wenn man sie bis ins alte Holz zurückschneidet.) Wir haben dort nun zum selben Zweck einen raschwüchsigen schmalblättrigen *Eucalyptus nicholii* gepflanzt – diesmal mit reichlich Abstand zum Mast und seinen Kabeln.

„Längst nicht jede Pflanze wird Fuß fassen. Manche werden eingehen, andere sich vielleicht als ungeeignet erweisen […] Mit dem Gärtnern ist es wie mit der Malerei, man setzt Lichter, man schafft Schatten. Richtig fertig wird man nie!" So sagte es schon Beth.

DER WASSERGARTEN

Am Wassergarten hat sich nichts Grundlegendes geändert, seit Beth ihn konzipierte. Natürlich werden die Staudenpflanzungen alle paar Jahre aufgearbeitet, hin und wieder müssen wir einen Baum oder Strauch herausnehmen, aber die Grundstruktur bleibt und reift. Es überrascht wohl kaum, dass etliche Probleme, die Beth hier beschreibt, bis heute fortbestehen, darunter die Ablagerung von Bodenschlamm in den Teichen, der ewige Kampf gegen die Faden-Jochalgen, das Abrutschen des Teichrands und das übereifrige heimische Scharbockskraut. Unverändert sind aber auch die Ruhe und der Frieden, wie sie nur ein Wassergarten schenken kann.

Ich bezweifle, ob ich je einen Wassergarten angelegt hätte, wenn ich nicht einen von Natur aus nassen Bereich gehabt hätte. Ich habe keine Erfahrung damit, wie man einen solchen Garten auf andere Weise anlegt – unter Verwendung von Teichrandpflöcken beispielsweise. Pflanzen, die für den Wassergarten geeignet sind, umfassen die im Wasser lebenden Arten – von Seerosen und bestimmten *Iris*-Arten bis hin zu Uferrandpflanzen wie den Sumpfprimeln – sowie all diejenigen, die zwar keinen vom Wasser durchtränkten Boden, jedoch dauerfeuchte Erde brauchen, darunter große Stauden wie Astilben, Ligularien und *Persicaria*. Damit ein Wassergarten natürlich wirkt, muss der Übergang von einem Bereich zum anderen entweder schon vorhanden sein oder überhaupt erst hergestellt werden.

Im Spätfrühling erwacht der natürlich feuchte Teichrand zum Leben. Nachdem die Pflanzen den Großteil des Winters unterirdisch überdauerten, streben sie nun um die Wette in die Höhe. Blattwerk prägt das Bild; dabei ergeben sich wunderbare Kontraste zwischen großlaubigen Ligularien und Mammutblatt (*Gunnera*) und dem schmalblättrigen Chinaschilf (*Miscanthus*). Entlang des Rasenwegs, der die Teiche verbindet, nimmt die gelbe Blütenfarbe der kissenförmigen Garten-Trollblume (*Trollius × cultorum*) 'Helios' das Gelbgrün der niedrigen Sumpf-Wolfsmilch (*Euphorbia palustris*) auf.

In der flachen Senke zwischen der Südwestgrenze und dem Haus hatten wir einen Graben mit einer Quelle. Er bildete den Ausgangspunkt zu unserem Wassergarten, den wir im Laufe der Zeit hier anlegten. Wir begannen mit der Erweiterung des Grabens zu einem einzelnen Teich und dachten zu Beginn: „Wunderbar, jetzt können wir große Primelflächen und Irishorste anlegen.“ Da wir aber längst nicht genug getan hatten, um den schweren Tonboden zu verbessern, wollten sich die Flächen voller Primeln einfach nicht einstellen. Nur wenige große und kräftige Pflanzen überlebten die ursprüngliche Pflanzung, und es dauerte mehrere Jahre, bis mir bewusst wurde, dass ich noch einmal von vorn beginnen musste.

An einem kalten Februarmorgen kam der Schürfgrubenbagger, eine Maschine mit einem großen Eimer am Ende einer Kette, auf seinen Panzerketten an, um einen neuen Teich auszuheben. Plötzlich musste ich mir ganz schnell klar darüber werden, was gemacht werden sollte, denn diese riesigen Maschinen können so schnell baggern, dass sich die Geografie eines Gartens in kürzester Zeit verändert. Das Ausheben eines

Orange und aprikosenfarben blühende Etagen-Primeln in unterschiedlichen Arten, allen voran Bulleys Etagen-Primel (*Primula bulleyana*), überziehen den feuchten Boden rings um flachwurzelnde Prachtspieren (*Astilbe*), für die auch im Sommer der frische Boden unverzichtbar ist. Das Schildblatt (*Darmera peltata*) mit seinen großen Blattschirmen behalten wir gut im Auge, denn es schiebt seine dicken grünen Rhizome langsam, aber sicher immer weiter über den schlammigen Boden vor.

Teichs lässt sich unmöglich bis ins Detail vorausplanen. Ich wusste, was ich ungefähr wollte, aber die Szenerie verändert sich dann so schnell, überall ist plötzlich nur noch triefender Schlamm, dass man nur noch hoffen und vertrauen kann – auf sich selbst und auf den Baggerfahrer. Durch die Anlage mehrerer Teiche auf sanft abgestuftem Gelände hoffte ich, viele meiner Probleme zu lösen. Dieser gesamte Bereich war ausgesprochen nass und von Weidengebüsch und Unkraut wie Sumpfdisteln und Binsen überwuchert. Wir hoben relativ flache Teiche aus, denn je tiefer man gräbt, desto mehr Aushub muss man beiseite schaffen. Ein Teil des Bodens wurde für Dämme verwendet, sodass vier große Teiche entstanden. Da der Ton unten in der Senke ganz dicht war, bestand keine Notwendigkeit, die Teiche auszukleiden oder die Ränder zu verdichten, um sie wasserdicht zu machen. Für die Gestaltung der Pflanzzonen am Rand gruben wir ringsum etwas Ton ab, ersetzten ihn durch leichtere Erde von einer anderen Stelle und ergänzten mit üppigen Mengen sämtlicher organischer Materie, derer wir habhaft werden konnten. Wir besitzen hier derart unterschiedliche Böden, dass wir oft einen Typ verwenden können, um einen anderen damit zu verbessern. Der Ton vom Teichboden wurde abgefahren und bei der Anlage der westlichen Grundstücksgrenze verwendet.

Man kann eine Sumpfzone in Kies oder anderen nicht wasserhaltenden Böden anlegen, indem man sie mit Plastikplanen unterfüttert, genau wie auch der Teich mit Plastikplanen ausgelegt werden muss. Um feuchtigkeitsliebende Pflanzen am Beckenrand ziehen zu können, muss diese Folie mindestens 60 cm unter die Bodenoberfläche gebracht werden; trotzdem bleibt die Pflanzenauswahl eingeschränkt. Eine *Gunnera* zum Beispiel könnte darin nicht gedeihen. Sie braucht tiefgründigen, nassen, nährstoffreichen Boden, wenngleich ihre Wurzeln nicht unbedingt im Wasser stehen müssen. Sie kann am Rande eines Rasens als Einzelexemplar oder in einer nassen Gartensenke wachsen; sie darf aber nie trocken stehen. Wo die Niederschlagsmengen nicht ausreichen (750–1000 mm/Jahr sind das Minimum), muss man sie wässern; auf trockenem, leichtem Boden braucht man es gar nicht erst zu versuchen.

Die sukzessive tiefer gelegenen Teiche des Wassergartens verbindet ein Graben; hier sieht man ihn den mächtigen Fuß einer Sumpfzypresse (*Taxodium distichum*) umrunden. Im Hintergrund neigt sich eine alte, herbstlich kahle japanische Kirsche, die weiß blühende *Prunus* 'Taihaku', über das Wasser.

Folgende Doppelseite: Gräser spiegeln sich in der glatten Oberfläche des Quellteichs. Bisher dominiert an diesem Ufer das dunkel blühende Silber-Chinaschilf (*Miscanthus sinensis*) 'Poseidon'; das bisher nicht so verbreitete neuseeländische Richards Pampasgras (*Cortaderia richardii*) muss sich erst noch etablieren.

Viele Gärtner möchten gern einen kleinen, künstlichen Teich mit ein paar passenden Pflanzen darum herum anlegen. Man kann sehr hübsche kleine Wassergärten herstellen, indem man ein halbes Weinfass in den Boden einlässt; dieses darf ruhig ein wenig lecken, um den umgebenden Boden anzufeuchten. Die Pflanzen dazu müssen zum Wasser passen, Binsen oder *Iris*-Arten und dazu etwas mit großen, runden Blättern. Ein oder zwei gute Formkontraste sollten genügen – auf keinen Fall mehr, und auf keinen Fall ein Durcheinander. Und man pflanze um Gottes willen nie Petunien! Grelle Farben sind völlig unpassend. Kürzlich sah ich ein solches Beispiel in einem von mir entworfenen und bepflanzten Garten. Leider gab es niemanden, der die Besitzer gehindert hätte, in ihre alte Leidenschaft zu kräftigen Farben zurückzufallen. Wo ich eine gemischte Pflanzung vor allem mit ausdrucksvoll belaubten Pflanzen angelegt hatte, die für ihren Geschmack zu zurückhaltend war, waren diese herausgerissen und durch rosafarbene, rote und orangefarbene Beetpflanzen ersetzt worden. Vor dem grünen Gras und dem Fluss im Hintergrund sahen sie wie Windpocken aus.

DIE BEPFLANZUNG DES WASSERGARTENS

Wasserrandgewächse sind spannend: Viele von ihnen zeichnen sich durch großes, stattliches Laub aus. Dennoch brauchen sie längst nicht immer sumpfigen Boden. Manchmal reicht es, sie an eine geschützte Stelle zu setzen, in eine Senke etwa oder in eine Mulde im Gehölzbereich. Neben den nach Norden oder Osten gelegenen Gartenteilen sind dies auch die idealen Standorte für großblättrige Funkien. Deren Laub leidet unter heißen, trockenen Bedingungen, genau wie Menschen mit zarter, empfindlicher Haut, die – der vollen Sonne ausgesetzt – Sonnenbrand bekommen. Man kann dieses Leiden auch im Garten beobachten. Manchmal folgt einer Periode mit reichlichen Niederschlägen heißer Sonnenschein; dann welken große Blätter, obwohl sie zu ihren Füßen all die Feuchtigkeit vorfinden, die sie benötigen. Ihre Stomata (Spaltöffnungen) sind weit geöffnet, weil sie sich an milde, feuchte Tage gewöhnt haben, und werden nun von der plötzlich eintretenden Hitze angegriffen.

Pflanzplan für wasserhaltigen Boden in voller Sonne
Die angegebene Bepflanzung ist ausreichend für eine etwa 5 Meter tiefe und 7,50 Meter breite Fläche. Hier ist sie um einen kleineren Teich angeordnet.

Legende

1 *Astilbe* (5 ×)
2 *Carex elata* 'Aurea' (1 ×)
3 *Cornus alba* Baton Rouge = 'Minibat' (1 ×)
4 *Darmera peltata* (3 ×)
5 *Eupatorium maculatum* Atropureum Grp. (1 ×)
6 *Euphorbia palustris* (3 ×)
7 *Fritillaria meleagris* (14 ×)
8 *Iris pseudacorus* (3 ×)
9 *Leucojum aestivum* 'Gravetye Giant' (2 ×)
10 *Ligularia* (3 ×)
11 *Lysimachia nummularia* 'Aurea' (10 ×)
12 *Lythrum* (3 ×)
13 *Miscanthus sinensis* (1 ×)
14 *Myosotis* (9 ×)
15 *Onoclea sensibilis* (5 ×)
16 *Osmunda regalis* (1 ×)
17 *Primula* (5 ×)
18 *Trollius* (3 ×)

Links unten: Auf frischem Boden bringt die farbige Rinde des Tatarischen Hartriegels (*Cornus alba*) ersehnte Abwechslung in den Winter. *C. a.* Baton Rouge = 'Minibat' ist eine von vielen gartenwürdigen Auslesen.

Links: Bulleys Etagen-Primel (*Primula bulleyana*) ist eine farbenfrohe Teichrandpflanze; wo es ihr zusagt, breitet sie sich flächig aus.

Das heißt nicht, dass sie absterben. Welken ist ihre Art, sich zu schützen. Mit der Abendkühle richten sie sich wieder auf. *Persicaria bistorta* 'Superba' mit großen ampferartigen Blättern verhält sich so; auch einige *Ligularia*-Arten welken plötzlich in der heißen Sonne, auch wenn ihre Wurzeln im Wasser oder in sehr nassem Boden liegen. Mancher meint vielleicht, der Garten müsse mit all diesen großen hängenden Blättern schrecklich aussehen. Gewöhnen die Pflanzen sich jedoch allmählich im Laufe des Sommers an trockenere Verhältnisse, bekommen sie keine regelmäßigen Niederschläge, so schicken sie ihre Wurzeln tiefer, verschließen ihre Stomata und passen sich den

Oben: In kühleren Regionen benötigt das Mammutblatt (*Gunnera*) Winterschutz. Hier sorgt sein eigenes, kopfüber über die weichen Wurzelstöcke gebreitetes Laub für die notwendige Kälteisolierung.

Rechts: Zu Füßen eines Urwelt-Mammutbaums (*Metasequoia glyptostroboides*) treibt das Laub des chilenischen Mammutblatts (*Gunnera tinctoria*) hervor. Heute gilt diese Art als invasive gebietsfremde Pflanze; wir sind verpflichtet, ihre Samenstände zu entfernen, um die Verbreitung zu verhindern.

Bedingungen an, die während der Vegetationsperiode entstehen.

Es ist schon ein unerwarteter Luxus, hier in Essex, mitten im trockenen Ackerland, auf einem der grasbewachsenen Dämme zu sitzen, umgeben von fast tropischen Pflanzen, kleine Fischschwärme zu beobachten, die sich zwischen den Teichkräutern sonnen, und dem Plätschern des Wassers zu lauschen, das von einer Ebene zur anderen rinnt. So üppig die Pflanzen des Wassergartens im Sommer sprießen, so kahl ist es hier im Winter. Es gibt kaum immergrüne Teichrandpflanzen. Die meisten verschwinden ganz, und es entsteht ein großer Kontrast zwischen

„Wasserrandgewächse sind spannend: Viele von ihnen zeichnen sich durch großes, stattliches Laub aus. Dennoch brauchen sie längst nicht immer sumpfigen Boden. Manchmal reicht es, sie an eine geschützte Stelle zu setzen, in eine Senke etwa."

dem herrlichen satten Grün der Sommerbepflanzung und der Kargheit des Wassergartens im Winter. In einem typischen englischen Frühling ist die *Gunnera* die erste, die versucht, der winterlichen Dunkelheit zu entkommen. Während der Wintermonate sind die Pflanzen abgedeckt, um sie vor strengen Frösten zu schützen. Im April durchstoßen die Schösslinge der jungen Blätter das über ihnen aufgehäufte Laub. Auch wenn Spätfröste sie bisweilen etwas in Mitleidenschaft ziehen, erholen sich die Pflanzen für gewöhnlich im Mai wieder und treiben frische grüne Blätter aus der Tiefe ihrer großen Basis.

Das Laub von *Gunnera* und *Lysichiton* zählt zu den großartigsten architektonischen Blattformen des Wassergartens. *Lysichiton americanus* ist darüber hinaus einer der ersten Frühlingsblüher. Seine 20–40 cm hohen Kelche in leuchtendem Buttergelb treiben aus dem kahlen, schlammigen Boden am Teichrand und spiegeln sich im dunklen Wasser. (Anm.: Sowohl *Lysichiton americanus* als auch *Gunnera tinctoria* stehen inzwischen auf der immer länger werdenden Liste potenziell invasiver Arten, die sich bei zusagenden Bedingungen in die Natur verbreiten könnten, um dort mit der heimischen Flora zu konkurrieren; im Vereinigten Königreich ist ihr Verkauf heute untersagt. Glücklicherweise dürfen wir die etablierten Pflanzen in der Anlage belassen; wir müssen lediglich ihre Samenstände vor der Reife entfernen und sicherstellen, dass die Pflanzen fest verankert sind und nicht davontreiben. Angesichts der extrem tiefreichenden Wurzeln beider Arten wäre dies auch höchst unwahrscheinlich.)

Bald folgen die üppigen Blütenkissen der Sumpf-Dotterblume *(Caltha)*, der einfachen wie der gefüllten, und die Etagenprimeln, deren Farben von Sumpffarnen und kleinen Flecken seidiger weißhaariger Wollgräser verschleiert werden. Die karmesinroten Kerzen des Knöterichs (*Persicaria*) und die gefiederten Spieren der Astilben sind als Nächstes an der Reihe, während die großen Horste der Taglilien (*Hemerocallis*) im Frühling mit attraktivem Laub und im Spätsommer mit Blüten in kräftigen Farben aufwarten.

Der Sumpfgarten ist im zeitigen Frühjahr von wildem Scharbockskraut übersät. Im übrigen Garten, zwischen kleinen Stau-

Für überraschte Kommentare sorgt immer wieder die als Topfpflanze bekannte Kalla (*Zantedeschia aethiopica*). Die Auslese 'Crowborough' fühlt sich hier im seichten Wasser ausgesprochen wohl. Sie ist weniger frostempfindlich als andere; zugleich schützt das Wasser ihren Wurzelstock vor zu viel Kälte.

Rechts: Das hier sichtbare Miteinander von Blattwerk, Formen und Texturen illustriert Beths bevorzugte Pflanzenzusammenstellung perfekt. Über die Unterpflanzung mit zartem Perlfarn (*Onoclea sensibilis*) erhebt sich das kastanienartige Laub des Schaublatts (*Rodgersia*) 'Herkules'; dahinter strebt das feinblättrige Silber-Chinaschilf (*Miscanthus sinensis*) 'Morning Light' in die Höhe. Überragt wird die Kombination derzeit von den rosa Schaublatt-Blüten; später übernimmt das Chinaschilf die Spitzenposition in Beths Pflanzdreieck (vgl. Seite 26).

den, versuche ich es unter Kontrolle zu halten. Hier aber, in seinem heimischen Lebensraum am Wasserrand, schadet es kein bisschen, und so früh im Jahr, während wir noch auf das Erscheinen der wichtigsten Wasserpflanzen warten, sind die Flächen leuchtend gelber Blüten die reine Freude. Riesige Pflanzen wie Rodgersien, Funkien, Trollblumen und Knöterich-Arten werden später aus größerer Tiefe austreiben. Scharbockskraut ist genauso hübsch wie die Winterlinge, und auch diese können sich, wo sie gut gedeihen (was nicht überall der Fall ist), sehr ausbreiten und daher manchmal fehl am Platz sein. Was wir im Garten tolerieren können, was wir dagegen als Unkraut betrachten, müssen wir uns selbst überlegen, jeder für sich. Entscheidend ist, ob die fragliche Pflanze die übrige Pflanzung schädigt. Ein Unkraut ist nichts als eine Pflanze am falschen Platz.

An den Rändern meiner Teiche habe ich einige Beete erweitert, um Platz für feuchtigkeitsliebende Pflanzen zu schaffen. Am Ufer stehen die Teichrandpflanzen, die gerne gelegentlich mit dem Fuß im Wasser sind, wie *Caltha*, die Sumpf-Dotterblume. *Caltha palustris* var. *radicans* ist eine später blühende Form mit kleineren Blüten. Die gefüllte Form der gemeinen Sumpf-Dotterblume, *C. palustris* 'Flore pleno', sieht gut aus, ich finde aber die Blüten der ungefüllten attraktiver. *Caltha palustris* var. *palustris* besitzt viel größere Blüten, braucht aber einen großen Teich, um zufriedenstellend zu wachsen. Sie ist nicht so reichblühend wie die häufiger gepflanzte *C. palustris*, blüht aber länger. Es gibt kaum einen Monat im Jahr, wo sie keine Blüte zeigt. Die Blätter sind größer und bilden ansehnliche Büschel. Gelegentlich senken sie sich vom Uferrand herab, wurzeln im flachen Wasser und treiben dort wieder aus. *Calla palustris* ist eine weitere Staude der Uferzone, eine kleine, weiße, dem Aronstab ähnliche Pflanze, die im Wasser schwimmt. Mehrere *Iris*-Arten, darunter die schöne *Iris pseudacorus* 'Variegata', die gelb austreibt, um zum Sommer zu vergrünen, wachsen im flachen Wasser.

Am Teichrand wachsen niedrige, prächtige Kolonien von *Pontederia cordata*, die sich langsam bis ins tiefere Wasser ausbreiten und im Spätsommer Stängel mit lanzenförmigen Blät-

Im Spätfrühling treibt der Europäische Straußenfarn (*Matteuccia struthiopteris*) grüne Trichter, noch bevor das Schildblatt (*Darmera peltata*) seine Rhabarberblätter entfaltet. Der Königsfarn (*Osmunda regalis*), rechts im Bild, hat seine kopfhohen Wedel erst halb entrollt; direkt hinter ihm stehen dicht gedrängt die Blattschwerter der Sumpf-Schwertlilie (*Iris pseudacorus*).

tern und Ähren kleiner, blauer Blüten hervorbringen. Im weichen Schlamm am äußersten Rand wachsen zwei prächtige Sumpfpflanzen, *Lysichiton americanus* (das ich bereits erwähnt habe) und die weiß blühende Art *L. camtschatcensis* aus Sibirien und Japan. (Anm.: Im Laufe der Jahre ist als Kreuzung aus diesen beiden Arten die herrliche *Lysichiton* × *hortensis* entstanden, mit großen, zartgelben Blütenscheiden im Frühjahr und riesigen Blättern im Sommer. Da sich die Hybride nicht versamt, wird sie – im Gegensatz zur gelb blühenden Elternpflanze – kein Problem darstellen.)

Die Pflanzen, die am meisten Feuchtigkeit brauchen, müssen entweder im seichten Wasser oder ganz nahe am Wasserrand gepflanzt werden. Wasser dringt seitwärts nicht sehr weit in den Boden ein. Das Sumpf-Vergissmeinnicht, *Myosotis scorpioides*, ist eine gute Randbepflanzung am Wasser, seine leuchtend blauen Blüten zeigen sich im Sommer wochenlang. An

Herbststimmung beherrscht die Szenerie um den zweiten der beiden Hausteiche. Die Goldlärche (*Pseudolarix amabilis*) macht ihrem Namen alle Ehre; ihre Nadeln halten die goldene Farbe auch dann noch, wenn sie längst den Boden bedecken.

einigen Stellen habe ich die Rabatte erweitert, um weitere feuchtigkeitsliebende Pflanzen ziehen zu können. Je weiter man sich vom Wasserrand entfernt, desto mehr ähneln die Standortbedingungen denen der Pflanzen für die großen Staudenrabatten (die ich ab Seite 90 beschreibe). Das heißt, sie mögen Feuchtigkeit, aber keine Staunässe.

In der Nähe der Teichränder befinden sich die Pflanzen, die dauernder Feuchtigkeit bedürfen, wie die hohen Ligularien, deren große, runde Blätter grün oder violett sein können, mehrere Knöterich-Arten und viele Sorten der Sumpf-Schwertlilie, wie auch *Zantedeschia aethiopica*, die schöne weiße Zimmerkalla, die man oft als Kirchenschmuck sieht. Diese Pflanze gedeiht gut in 30–60 cm tiefem Wasser, wo ihre Wurzeln im tiefen Schlamm von der Winterkälte geschützt sind. Rodgersien mögen nassen Boden an offenen Standorten, wachsen aber auch noch im Halbschatten gut, solange sie feucht stehen. Sie zählen zu den stattlichsten Blattpflanzen. *Rodgersia aesculifolia* hat breite, bronzefarbene Blätter, ähnlich einer Rosskastanie, und im Hochsommer pyramidenförmige Kerzen zart creme- und rosafarbener Blüten. Andere Arten haben unterschiedlich eingeschnittene Blätter, einige eleganter geteilt als andere; eine verwandte Art, *Astilboides tabularis*, hat runde Blätter von der Größe und Form eines Speisetellers, und wenn sie in nährstoffreichem, feuchtem Boden wächst, sogar darüber hinaus. Schwere Rispen cremefarbener Blütensterne auf 1,20 m hohen Stängeln sind ein zusätzlicher Schmuck.

Unter einer Weide neben einem der Teiche habe ich ein unregelmäßiges Beet angelegt, das vom Wasserrand bis zum gemähten Grasweg jenseits des Baums um einen guten Meter ansteigt. Dort entstehen durch die unterschiedliche Beschattung und die wachsende Entfernung zum Wasser ganz unterschiedliche Standorte. Im nassen Schatten unter der Trauerweide dicht am Wasser habe ich *Onoclea sensibilis*, einen Sumpffarn, gepflanzt, frühlingsblühende Primeln, Funkien und das gelbe, kriechende Pfennigkraut *Lysimachia nummularia* 'Aurea'. Weiter oben, etwa 60 cm über dem Wasserspiegel, auf den Baumwurzeln, ziehe ich *Tiarella cordifolia*, Schneeglöckchen, andere

Funkien und Pflanzen, die nicht viel Sonne brauchen, um Blüten zu entwickeln. Weiter entfernt vom Baum, allerdings nicht auf nassem Boden, sind Astilben, Knöterich, *Euphorbia palustris*, Ligularien, *Angelica archangelica* und *Scrophularia aquatica* 'Variegata' angesiedelt, die große Wasser-Braunwurz, deren lebhaft creme-grün gescheckte Blätter zu den Ersten gehören, die im Frühjahr erscheinen. Diese Pflanzen hellen während des ganzen Sommers die Rabatte auf, wenn die starr verzweigten Stängel ständig neue, wenn auch kleinere Blätter hervorbringen, die aber fast völlig cremefarben sind. An der oberen Seite der Rabatte, nahe der gemähten Graskante, wiederholen niedrige Gruppen eines hübsch panaschierten Grases, *Molinia caerulea* subsp. *caerulea* 'Variegata', diesen hellen Farbton bis in den Herbst hinein, wenn ihre stricknadelgleichen Blütenstängel und sanft geneigten Blätter beinahe elfenbeinfarbig ausbleichen. Ist die Blütenfarbe aus dieser Rabatte verschwunden, so bleibt ein schönes Muster aus interessantem Blattwerk.

Nahezu täglicher Einsatz ist nötig, um die Verbindungen zwischen den Gartenteichen offenzuhalten; das gilt besonders im Herbst zur Zeit des Laubfalls.

Rechts: Der Kampf gegen die Faden-Jochalgen, die hier an der Oberfläche Blasen werfen, scheint nie zu enden. Wir haben inzwischen wirklich alles probiert – nichts hat sich als dauerhafte Lösung erwiesen, und so kehren wir immer wieder zur Handarbeit zurück. Durch den angesammelten Bodenschlamm ist das Wasser inzwischen so seicht, dass es sich rasch erwärmt, was den Algen zusätzlichen Auftrieb gibt.

ZWISCHENBILANZ

Es ist wichtig, Standorte für Pflanzen richtig zu beurteilen. Man kann nicht einfach sagen, das ist der Uferrand, und deshalb wird hier jede Sumpfpflanze gedeihen. Sogar in diesem verhältnismäßig kleinen Beet von 9 × 4,5 m gibt es verschiedene Standorte: sonnige und schattige, sumpfige oder vergleichsweise trockene, wie am oberen Rand des Hanges.

In den Teichen würde ich gerne mehr Seerosen pflanzen; was diese betrifft, gibt es vor allem ein Problem: die Unmengen Algen, die die Oberfläche bedecken, sobald es wärmer wird. Der Zustand wird durch zu viel Nitrat noch verschlimmert; ich kann das ökologische Gleichgewicht des Teiches partout nicht in den Griff bekommen. Unglücklicherweise stammt das Nitrat aus den umliegenden Ackerflächen. Algizide könnten helfen; ich fürchte aber, dass sie meine Sauerstofflieferanten ebenfalls schädigen könnten. (Anm.: Kalksteinmehl, bei Windstille ausgebracht, hat sich als wirksam erwiesen. Das hochporöse Kalziumkarbonat ist für Flora und Fauna völlig unschädlich, reduziert die Bildung von organischem Schlamm und erhöht den pH-Wert des Wassers.) Kürzlich haben wir einen Versuch ge-

macht, indem zwei junge Männer ein Tau über die Oberfläche des Teiches zogen. Auf diese Weise entfernten wir einen Großteil der Algen und verbesserten das Aussehen wesentlich. Die Aktion wird aber regelmäßig im Sommer wiederholt werden müssen. Immer wieder steigen unsere Gärtner in Wathosen, um die Sache gründlicher anzugehen; manche arbeiten auch vom Boot aus.

An einigen Uferstellen kann ich jetzt Sumpfprimeln ziehen, die mich damals, als ich mit dem Wassergarten begann, so begeistert hatten. Dazu gehören *Primula bulleyana* mit ihren Quirlen intensiv orangefarbener Blüten und *Primula japonica*, die früheste Etagenprimel, deren kostbare rosa, magentarote oder weiße Blüten mit goldenem Auge über den hohen Rosetten der salatähnlichen Blätter stehen. Es gibt noch mehr; im Spätsommer blüht als letzte *Primula florindae*, deren Knospen und Stängel mit feinem grünem Staub gepudert sind. Hängende Köpfe cremig gelber Blütenglocken verwandeln sich schließlich in elegante Samenstände.

DAS BEET AM WASSERGRABEN

Das Beet am Wassergraben umfasst eine große, ovale Fläche schweren, nassen Bodens am unteren Ende der ehemaligen Sumpfwiesen; da hindurch zieht sich das, was vom früheren Dränagegraben noch existiert, den wir aber erweitert haben. Die gesamte Fläche ist etwa 28 m lang und 14 m breit. Sie wird von zwei Eichen partiell beschattet – von einer einheimischen (*Quercus robur*), die schon hier stand, als wir herzogen, und einer Sumpfeiche (*Quercus palustris*), die wir pflanzten. In manchen Jahren verfärbt sich die Sumpfeiche, besonders der Jahrestrieb, im Herbst rot, und sie wächst besser als die einheimische. Um der Pflanzung mehr Fülle zu geben, sind unter den Bäumen verschiedene Sträucher gepflanzt worden, darunter *Acer palmatum* und das wunderschöne *Viburnum plicatum* 'Mariesii'.

Ursprünglich legte ich entlang der beiden Ufer schmale Rabatten an, aber sofort tauchten zwei Probleme auf. Das erste bestand in der Bodenqualität – schwierig und zäh mit wenig Humus und sehr unbekömmlich für die Pflanzen. Durch Zu-

Im Beet am Wassergraben ist über lange Phasen Laubwerk der einzige Schmuck. Hier und dort zeichnet selbst angesamter Gemeiner Blutweiderich (*Lythrum salicaria*) farbige Vertikalen, die sich später in Samenstände verwandeln.

Linke Seite: Blickt man Anfang Mai von der Brücke zurück in Richtung Wassergarten, sieht man die vielen feuchtigkeitsliebenden Stauden am Rand des Grabens, darunter auch diese schöne Steife Segge, die von E. A. Bowles ausgelesene Goldsegge (*Carex elata*) 'Aurea'.

gabe von Kompost in die Pflanzlöcher von Sumpf-Schwertlilien, Primeln und Sumpf-Dotterblumen gab ich mein Bestes. Ich pflanzte auch *Rheum palmatum*, denn ich hatte gelesen, Zierrhabarber stehe gerne am Wasser. Doch sie gingen ein: Ihre stärkehaltigen Wurzelstöcke verrotteten, weil es zu nass war. Offenbar herrschte am unteren Uferrand Staunässe. Wenn man *Rheum* trotzdem gerne nahe am Wasser haben möchte, wo ihre großen Blätter so wirkungsvoll zur Geltung kommen, muss man sie unbedingt in einigem Abstand vom Wasser setzen, damit sie im Winter nicht überflutet werden und nie zu nass stehen. Voraussetzung ist außerdem ein guter, nährstoffreicher Boden von der Qualität eines Gemüsebeetes. *Gunnera* hingegen schadet ein nasser Standort nicht.

Das zweite Problem, auf das ich stieß, bestand darin, dass die Erde des abfallenden Ufers ins Wasser abrutschte. Heimische Wildkräuter wie Binsen, bestimmte Gräser und der Flohknöterich besiedelten den Boden im Nu, und ich musste ständig ganze Schubkarrenladungen davon herausziehen, um jene Pflanzen zu retten, die ich ansiedeln wollte. Dabei riss ich das bisschen Oberboden mit heraus, und der Uferhang bröckelte ab und fiel ins Wasser. Das Problem wurde auf eine ungewöhnliche Art und Weise gelöst: Wir sicherten die Teichränder mithilfe von Betonhohlblöcken, von denen wir zwei oder drei als Stützwand vor dem Ufer übereinanderstapelten. Dann trieben wir Winkeleisen durch sie bis in den festen Untergrund unterhalb des nassen Schlamms. Die Winkeleisen hatten wir noch von der Farm, und die Betonhohlblöcke erwarben wir im Baustoffhandel. Holzpfähle, falls verfügbar und nicht zu teuer, sind auch geeignet und sehen sehr gut aus. Sie werden so tief in den Boden gerammt, dass sie ein paar Zentimeter über der Wasseroberfläche herausragen. Nunmehr haben wir es geschafft, dass der Oberboden nicht mehr ins Wasser rutscht; die Betonkanten, knapp über dem Wasser, sind mit der Zeit zu einem unaufdringlichen Moosgrün verwittert.

Auf dieser festen Kante können wir jetzt stehen und bequem und sicher Unkraut jäten, pflanzen oder graben, ohne dass Erde ins Wasser fällt. Im Idealfall sind die Blöcke oder Holzpflöcke über dem Wasserrand kaum sichtbar. Alternativ lässt

An einem Wintermorgen steht die Sumpfzypresse (*Taxodium distichum*) scherenschnittartig vor der Sonne. Das fotogene alte Holzboot mussten wir in den Ruhestand schicken; bis wir Ersatz haben, steigen die Gärtner mit Wathosen in den Teich – nie jedoch allein.

Unerwartet farbenfroh zeigt sich das Wassergraben-Beet hier, mit den Blütenähren des Schlangen-Wiesenknöterichs (*Persicaria bistorta*) 'Superba' in kräftigem Rosa, gelb blühender Europäischer Trollblume (*Trollius europaeus*) und einer Mixtur aus Japanischer Etagen-Primel (*Primula japonica*) und Sichuan-Primel (*P. pulverulenta*). Der Rasenweg im Hintergrund führt – an einem stattlichen Rhododendron 'Sappho' vorbei – zum Garten beim Wasserspeicher.

sich die Kante mit kräftigen Pflanzen überspielen, wo sie unschön hervorragt.

Salix repens var. *argentea* macht sich nun sehr gut neben dem grasbewachsenen Damm, der zum Abfangen des Teiches oberhalb des Wassergrabens benötigt wurde. Mit seinen langen Zweigen voll winziger, grauer Blätter sieht dieser Strauch den ganzen Sommer über wunderschön aus. Im Frühling sind die kahlen Zweige mit kleinen wolligen Knospen bedeckt, die zu flaumig gelben Kätzchen aufbrechen. Große Irisgruppen und hohe japanische Gräser – verschiedene Formen von *Miscanthus* – bilden Kontraste. Nach einem nassen Sommer gibt es sogar im Frühherbst noch Farbe und interessante Blattstrukturen. Zwei feuchtigkeitsliebende Farne, der Straußfarn (*Matteuccia struthiopteris*) und der Perlfarn (*Onoclea sensibilis*), gedeihen hier gut, da der Schatten der Eiche ihnen zusagt.

Außerdem findet sich hier eine Sorte der heimischen Sumpf-Schwertlilie, *Iris pseudacorus* 'Bastardii', mit Blüten in hellem Cremegelb. Für diese Stelle ist sie zu groß geworden, in gewissem Umfang muss hier also erneuert werden, doch ohne alles herauszunehmen. Hier ist einiges, was ich, selbst wenn ich wollte, nicht entfernen kann, zum Beispiel *Lysichiton americanus*. Wenn ich mich im Hochsommer neben einen Blatthorst stelle, sind die Blätter so groß wie ich, riesige, wunderschöne pfeilförmige Blätter in einer großen Rosette. Diese Pflanzen könnten nur mit einem Unkrautvernichtungsmittel entfernt werden, und das wäre eine Sünde. Wahrscheinlich bleiben einige andere Pflanzen ebenfalls stehen. Die großen Beete mit Rodgersien sind vorzüglich, im Vordergrund aber entstand aus zwei Gründen ein Beet mit *Vinca minor* 'Bowles's Blue': Ich brauchte einen Bodendecker, und ich hatte keine Hilfe, um eine aufwendigere und feinsinnigere Gestaltung zu machen. Jetzt kann ich die *Vinca* herausnehmen und den Boden verbessern, und ich bekomme Platz für neue Pflanzen, die jetzt zur Verfügung stehen. Der Pflegeaufwand dieser neuen Fläche wird durch Mulchen mit gehäckselter Rinde niedrig gehalten.

Ich werde sicherlich mehr Primeln verwenden, denn die ursprünglichen in Wassernähe gepflanzten Primeln wurden von stärker wuchernden Pflanzen verdrängt. Auf eine gewisse Art

kann man das Pflanzen mit der Komposition eines Gemäldes vergleichen. Ich kratze hier ein Stück weg und sage mir dabei, ein Augenmerk an dieser Stelle wird es verbessern, und ewas Schlichtes dort sorgt für Ruhe. Es kommen auch immer wieder neue Pflanzen hinzu, die ein Zuhause brauchen. Man kann jedoch nicht einfach zwei oder drei Pflanzen nehmen und sie zwischen eingewachsene Stauden setzen. Es ist wie bei einer eingeschworenen Gemeinschaft, die keine neuen Mitglieder aufnehmen will. Ich glaube, man muss seine Leidenschaft für einen Garten von Zeit zu Zeit erneuern, indem man hier und da etwas so gründlich verändert, dass man wirklich mit dem Spaten arbeiten kann. Bei dichtem, festem Ton muss man alles daransetzen, ihn zu verbessern, es gibt keinen Weg darum herum. Dabei ist die Strukturverbesserung genauso wichtig wie die Düngung, wenn nicht wichtiger.

DER WASSERSPEICHER

Der Wassergraben mündet schließlich in einen großen, landwirtschaftlich genutzten Bewässerungsteich. Obwohl dieser eine gewisse Attraktion hat, mit einem Volumen von etwa neuntausend Kubikmetern Wasser, darf man nicht vergessen, dass er einem kommerziellen Unternehmen zur Bewässerung

Linke Seite: Das Beet unter der Sumpf-Eiche (*Quercus palustris*) erwies sich als so sommertrocken, dass sich die Robb-Wolfsmilch (*Euphorbia amygdaloides* var. *robbiae*) diese Gelegenheit nicht entgehen ließ und nun eine attraktive Bodendecke bildet. Mittendrin setzt ein gestreifter Neuseelandflachs (*Phormium tenax*) einen Formkontrast. Die Mähstreifen im Rasen waren nie nach Beths Geschmack, doch auch sie war der Meinung, dass ein ungepflegter Rasen nicht sein darf.

Unten: Wo früher Mutterbeete waren, befindet sich heute unser Willow Room, mit Blick über den Quellteich. Im Spätfrühling liegt er inmitten harmonischer Pflanzenkombinationen, darunter Akeleien und Stängelumfassende Gelbdolde (*Smyrnium perfoliatum*), die sich immer wieder versamen.

Links: Die Einmündung des Wassergrabens in den Wasserspeicher des Nachbarn markiert ein Goldener Peking-Bambus (*Phyllostachys aureosulcata* fo. *aureocaulis*) mit kuriosen Zickzackstangen. Der Erdteich wurde vor langer Zeit für die Apfelplantagen ausgehoben, die sich hier früher in alle Richtungen erstreckten.

Rechts: Vom unteren Ende des Waldgartens geht der Blick weit über den Wasserspeicher, den im Sommer neuerdings eine dicke Schicht Entengrütze bedeckt, sodass er fast wie ein Rasen anmutet. Die große Wasserfläche gab Beth Gelegenheit, „den Himmel zu bemalen", wie sie gern sagte, und ihrer Gartenanlage einen perfekten Gehölzhintergrund zu geben. Die schöne Sumpfzypresse (*Taxodium distichum*) bezaubert zu Novemberbeginn mit Herbstfarben; der nah am Wasser stehende kräftige Bambus *Phyllostachys bambusoides* verhält sich einigermaßen zurückhaltend und darf daher wachsen, wie es ihm gefällt.

der Anbauflächen dient. Bei anhaltender sommerlicher Trockenheit reduziert sich der Wasserstand erheblich. Deshalb muss jede Randbepflanzung vorrangig aus Bäumen und Sträuchern bestehen. Ich war froh, dass ich Bäume und Sträucher um die große Wasserfläche pflanzen durfte, die nun vom Garten aus einen freundlichen Anblick gewähren und Windschutz bieten.

Hier stehen Eichen, Stechpalmen, Feld-Ahorn und Weiden – größtenteils einheimische Bäume. Sie brauchen einen guten Start. Es ist unsinnig, sie direkt in einen Boden mit der Konsistenz von Knetmasse zu pflanzen. Pflanzlöcher müssen gegraben und mit einer nach außen abführenden Dränage versehen werden, damit sie nicht mit Wasser volllaufen, das die Wurzeln faulen lässt. Seit Jahren versuche ich, nach und nach mit allem verfügbaren Material eine neue Bodenschicht über dem Ton anzulegen. Ich verwende dafür Kies, Holzasche, Kompost und verbrauchte Blumenerde.

Die meisten Pflanzarbeiten wurden Mitte der 1970er-Jahre durchgeführt. Die harte Arbeit war alle Mühe wert. Heute bietet sich ein schöner Anblick – ein leichter Dunst schwebt über dem Wasser, und die Silhouetten der Bäume und Sträucher spiegeln sich darin. Natürlich ist es nicht Sheffield Park, aber es wird von Jahr zu Jahr schöner.

„Man kann nicht einfach zwei oder drei Pflanzen nehmen und sie zwischen eingewachsene Stauden setzen. Es ist wie bei einer eingeschworenen Gemeinschaft, die keine neuen Mitglieder aufnehmen will."

DIE FREILAND-RABATTEN

An der sanften Böschung zwischen der südwestlichen Grenze und dem Wassergarten trocknet der Boden nicht aus; das verdanken wir zum einen dem von Ton unterfütterten dichten Schluff, zum anderen den tief darunter liegenden Wasserquellen.

Bei diesen Freiland-Rabatten handelt es sich um drei große Beete, ein jedes mit einer tiefen, zum Wassergarten ausgerichteten sonnigen Rabatte vor einer eigenen Gehölzkulisse, wodurch sich in Richtung Grundstücksgrenze eine schmale Schattenseite ergibt. Ich unterteilte die Pflanzfläche in drei Abschnitte, weil ich der Ansicht war, ein einziges, lang gezogenes Beet wäre langweilig. Darüber hinaus lassen sich so die einzelnen Abschnitte umrunden und viel intensiver betrachten.

BODENVERBESSERUNG

Als ich diesen Teil des Gartens in Angriff nahm, glaubte ich, hier ideale Pflanzerde zu haben. Sie blieb viel länger feucht als die leichteren Böden und fühlte sich in meinen Händen wunderbar an. Sie erwies sich allerdings als alles andere als ideal. Es handelte sich um sogenannten strukturlosen Boden. Er ist sehr feinkörnig, hat wenig Steine, und die schlechte Dränage und die geringe Bodenluft machen ihn für viele Pflanzen ungeeignet. Beheben lässt sich dies durch Holländern kombiniert mit einer Kiesdränage: zwei Spaten tiefes Umgraben, wobei man jeweils eine Lage Kies einarbeitet, bevor man sich an die nächste Bahn macht. Der Boden wird durch eine solche Maß-

Jedes der drei Inselbeete zeichnet sich durch eine Schattenseite und eine relativ offene, sonnigere Seite aus. Je höher die benachbarten Bäume werden, desto mehr Schatten bringen sie ins Spiel. Griffiths-Wolfsmilch (*Euphorbia griffithii*) 'Fireglow' beherrscht eine Seite des Inselbeets im Vordergrund; im benachbarten Beet am Wassergraben bekräftigt die hellgrüne Robb-Wolfsmilch (*Euphorbia amygdaloides* subsp. *robbiae*) ihre Reputation als raschwüchsiger Bodendecker.

nahme besser belüftet und kann die Niederschläge infolge des entstandenen Gefüges absorbieren.

Ich bemerkte erstmals, dass dieser Boden einer Verbesserung bedurfte, als Bodendecker wie *Tiarella* und *Tellima*, denen normalerweise Lauberde zusagt, sich nicht entwickelten. Ich meinte, sie müssten auf diesem Boden wunderbar wachsen, das war aber nicht der Fall. Ebenso versagten andere Pflanzen mit feinen Haarwurzeln. In Trockenperioden waren sie nicht in der Lage, das feste Erdreich zu durchwurzeln. Sie saßen einfach wie ein Kissen obenauf, ihre Wurzeln verkümmerten in der obersten dünnen Schicht, und man konnte das Ganze wie ein lumpiges Teppichstück abheben. Zuerst bemerkte ich den großen Unterschied zwischen Schluff und Lauberde nicht. Ich habe *Tiarella* in den Wäldern Amerikas gesehen, aber dort gibt es zwei wesentliche Unterschiede: Zum einen ist Laubhumus weniger kompakt als Schluff, sodass zarte, feine Wurzeln ihn besser durchdringen können. Zum anderen sind die Niederschläge dort wesentlich gleichmäßiger verteilt, und gerade dies ist ausschlaggebend, damit etwas gut und üppig gedeiht. Bei uns in Ostengland können im Sommer drei Monate vergehen ohne einen einzigen Regentropfen.

Die dunkelrot blühende Garten-Astilbe (*Astilbe × arendsii*) 'Fanal' benötigt dauerhaft frischen, humosen Boden.

KLIMABEDINGUNGEN

Wo immer man lebt – man wird mit Boden- und Niederschlagsproblemen konfrontiert. Mit meinen müssen diese nicht identisch sein: Einmal sah ich im Fernsehen eine Sendung über einen Garten in Westschottland, in dem es praktisch rund ums Jahr regnet, sodass ich mir allein vom Zuschauen schon ganz durchnässt vorkam. Einige Pflanzen glichen denen, die ich hier am Teichufer gepflanzt habe. Es gab weite Flächen von Sumpfprimeln, die sich bis in die Wege ausgesät hatten, dazu die blauen Blüten von *Meconopsis* und die Blütenähren der weißen *Actaea* (vormals *Cimicifuga*). Eine ganze Schar attraktiver Pflanzen wuchs dort wie Unkraut, da sie infolge der ausgezeichneten Verhältnisse ideal platziert waren. Der arme Besitzer aber hatte nicht die geringste Chance, graulaubige Pflanzen zu ziehen, die so wunderbar in einem Trockengarten wachsen. Sind wir Gärtner nicht alle ein wenig wunderlich?

Rechts: Schwungvolle Linien bestimmen diesen Gartenteil. Die Rasenwege zwischen den Rabatten vereinigen sich in manchen Abschnitten zu grünen Teppichen, neben denen die bepflanzten Beete perfekt zur Geltung kommen. So schön diese Rasenflächen sind – sie verlangen nach ständiger Pflege, um Trittschäden entgegenzuwirken.

Immer wollen wir gerade das pflanzen, was nicht gedeihen kann. Lange Jahre wollte ich in Ostengland feuchtigkeitsliebende Stauden wie Astilben ziehen, dabei hatte ich in meinem vorherigen Garten selbst mit Rittersporn, der ohne ausreichende Feuchtigkeit nicht gedeiht, meine Schwierigkeiten. Immer möchte man genau die Pflanzen, die in anderer Leute Garten so schön aussehen. Gerade als Anfänger ist man versucht, sich daran zu orientieren, ohne die Wachstumsbedingungen im eigenen Garten zu bedenken. Man reist durch den Südwesten Englands und sieht dort, gleich neben der Tür zu einem Cottage, ein wunderbares Tränendes Herz (*Lamprocapnos spectabilis* – vormals *Dicentra*), und schon eilt man nach Hause, um daheim eines in den kiesigen, trockenen Boden zu setzen. Natürlich wird dann nichts daraus. Man hat sich nicht gefragt, ob die Bedingungen die gleichen sind. Hier im Osten haben wir im Jahresdurchschnitt 500 mm Niederschlag, während es im Südwesten 1500 mm sind. Dazwischen liegen Welten! Schon wenig mehr Regen zur rechten Zeit kann darüber entscheiden, ob Pflanzen sich gut entwickeln oder schlecht.

„Immer möchte man genau die Pflanzen, die in anderer Leute Garten so schön aussehen. Gerade als Anfänger ist man versucht, sich daran zu orientieren, ohne die Wachstumsbedingungen im eigenen Garten zu bedenken.“

DIE SONNEN-RABATTEN

In allen drei Beeten stehen nach Osten hin Pflanzen, die wasserspeichernde Erde und eine sonnige Lage mögen. Im Frühling blühen hier zahlreiche Zwiebelgewächse, wie unsere einheimische Schachbrettblume, *Fritillaria meleagris*, die in Feuchtwiesen vorkommt. Genau das befand sich hier, bevor wir unseren Garten anlegten, und so hätten sie hier auch wild vorkommen können (was sie allerdings nicht taten). Stattdessen fanden wir Kolonien von Fuchs-Knabenkraut (*Dactylorrhiza fuchsii*) vor, die wir mühsam erhalten haben. Außerdem blühen hier verschiedene Narzissen-Arten und Schneeglöckchen sowie *Erythronium dens-canis* und die *E. californicum*-Sorten 'White Beauty' und 'Pagoda'. Alle diese Pflanzen wollen

Legende

1 *Acer negundo* 'Flamingo' (1 ×)
2 *Ajuga reptans* (6 ×)
3 *Aster × frikartii* 'Mönch' (3 ×)
4 *Astrantia* (5 ×)
5 *Camassia leichtlinii* (flächig)
6 *Euphorbia griffithii* 'Fireglow' (3 ×)
7 *Geranium* Rozanne = 'Gerwat' (3 ×)
8 *Hemerocallis* (3 ×)
9 *Lilium martagon* (3 ×)
10 *Lysimachia ciliata* 'Firecracker' (3 ×)
11 *Molinia* (1 ×)
12 *Narcissus* 'Rijnveld's Early Sensation' (flächig)
13 *Pennisetum alopecuroides* 'Hameln' (2 ×)
14 *Persicaria affinis* (6 ×)
15 *Persicaria amplexicaulis* (3 ×)
16 *Phormium tenax* (1 ×)
17 *Rudbeckia fulgida* (3 ×)
18 *Symphyotrichum novi-belgii* 'Heinz Richard' (5 ×)

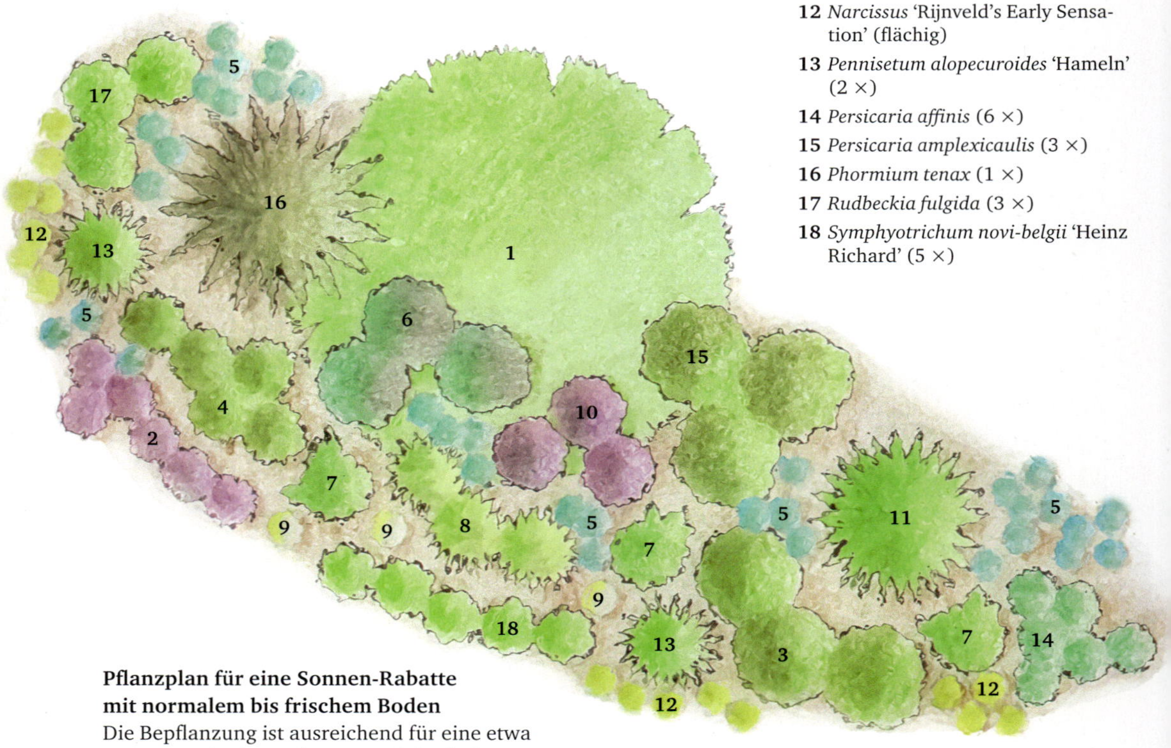

Pflanzplan für eine Sonnen-Rabatte mit normalem bis frischem Boden
Die Bepflanzung ist ausreichend für eine etwa 8,50 Meter breite und 3 Meter tiefe Fläche.

einen tiefgründigen, fruchtbaren, gleichmäßig frischen Boden; die morastigen Bedingungen weiter unten, in Wassernähe, sagen ihnen dagegen nicht zu. Die Saison der Zwiebelblüher erstreckt sich in diesen Rabatten bis Juni/Juli, wenn neben den tomatenroten Scheinblüten von *Euphorbia griffithii* 'Fireglow' die nordamerikanische *Camassia* ihre eleganten, cremefarbenen oder blauen Blütentrauben erhebt.

Die Hauptbepflanzung besteht hier aber aus winterharten Stauden, denn etlichen sagen diese Verhältnisse zu. In Regionen, die mit höheren, regelmäßigeren Regenfällen gesegnet sind, lassen sich unsere Glockenblumen, Sterndolden und Elfenblumen auch auf ärmerem, weniger wasserspeicherndem Boden ziehen; für uns aber, mit unseren geringen Niederschlägen, ist dieser wasserhaltende Boden das entscheidende Kriterium.

In diesen Beeten verwende ich *Tiarella* als Bodendecker, das sowohl hier als auch im Schatten gut gedeiht, sowie verschiedene Storchschnabel-Arten. Die meisten von diesen tolerieren die unterschiedlichsten Böden. Es gibt aber einige, die ich nicht an feuchte oder schattige Gartenplätze setzen würde – beispielsweise *Geranium psilostemon*, eine hohe, große, auffallende Staude mit magentaroten Blüten. An trockeneren Stellen, zusammen mit altmodischen Rosensorten oder graulaubigen Pflanzen, macht diese sich viel besser. Hier aber bevorzuge ich das verlässliche *Geranium macrorrhizum*.

Im Spätsommer beeindruckt der Weiße Germer (*Veratrum album*) mit imposanten Blütenkerzen. Der tiefgründige, wasserhaltige Boden der Freiland-Rabatten kommt dieser langlebigen Staude sehr entgegen.

HOHE STAUDEN IN DER RABATTE

Zwiebelgewächse und frisch austreibende Pflanzen überziehen den Boden im Frühling mit einem Muster aus Blüten und Blattwerk; im Hochsommer hat sich dieses zu einem Dschungel entwickelt, denn abgesehen von der Randbepflanzung werden die Beetstauden hier hüft- bis mannshoch.

Neben einigen anderen Pflanzen mit ausdrucksvollen Formen verwende ich hier den hohen Gelben Enzian aus Kontinentaleuropa, *Gentiana lutea*. Sein junges Laub erinnert ein wenig an den Germer, *Veratrum viride*, der seinerseits im Frühjahr oft mit *Hosta* verwechselt wird. Der Germer wächst schmal und säulenförmig mit steifen, plissierten Blättern und trägt im

Spätsommer grüne, pflaumenfarbene oder weiße Blüten an verzweigten Ähren. Grüne Blüten finden heutzutage glücklicherweise mehr Anklang als zu den Zeiten, da Reginald Farrer in *The English Rock Garden* seine hinreißenden Schilderungen der Alpenpflanzen veröffentlichte. Seine Beschreibung des *Veratrum*-Laubs konnte einen ganz wild auf diese wunderbare Pflanze machen; die Blüten allerdings qualifizierte er dann als völlig unscheinbar ab, denn er vermisste natürlich die leuchtenden Farben, die für Alpenpflanzen sonst typisch sind.

Heutzutage schätzen wir stattliche Formen wegen des Kontrasts, den sie zu kleineren Pflanzen bilden. Zu den ausdrucksvollen Pflanzen zählen Salomonssiegel und der gigantische Zierrhabarber (*Rheum palmatum*), der in dieser Rabatte einen so großartigen Akzent setzt. Der Zierrhabarber wird manchmal als ideale Staude für den Wasserrand beschrieben, doch sollte er, wie schon erwähnt, an eine gut dränierte Böschung gesetzt werden. *Rheum palmatum* braucht zum Gedeihen nährstoffreichen, tiefgründigen Boden, den ich als Gemüsegartenerde bezeichne. All diese Pflanzen müssen sommerliche Trockenperioden gut überstehen können, deshalb brauchen sie wasserspeichernden Boden.

Die Blaue Himmelsleiter, *Polemonium caeruleum*, eine sehr hübsche Staude mit zahllosen kleinen, schalenförmigen blauen Blüten und mittelgrünem, fiedrig gebogenem Blattwerk, macht sich gut am Rand der Rabatte. Es gibt mehrere Arten, die eine lange Blütezeit sichern. *Polemonium carneum* sieht leicht ein wenig unordentlich aus, was manche stören mag, aber für mich verleihen Pflanzen, die anmutig überhängen, ohne ihre Nachbarn zu beeinträchtigen, den Beeten ein gefälliges und natürliches Aussehen. Die Blaue Himmelsleiter ist vorzüglich und blüht den ganzen Juni hindurch mit seidig wirkenden Schalenblüten. Die Knospen öffnen sich cremeweiß und wechseln zu einem blassen Rosa, um schließlich lavendelblau zu verblühen.

Ich mag es nicht, wenn Pflanzen wie die Zinnsoldaten streng aufrecht in einer Reihe stehen. Eine besondere Abneigung habe ich gegen das Stäben. Statt sie aufzubinden, setze ich sie lieber so dicht zusammen, dass die festeren den weicheren Halt bieten. Es gibt jedoch einige, die einen in Verlegenheit

Rechts: Zwischen dem Haus und den Gartenteichen wird im Spätherbst eine herrliche chinesische Goldlärche (*Pseudolarix amabilis*) zum Bühnenstar. Das Plattährengras (*Chasmanthium latifolium*) am Fuße des Baumes ziert das Beet den ganzen Winter lang.

Unten: Im Sommer dominierte im selben Beet das neuseeländische Breite Schneegras (*Chionochloa flavicans*) mit weit überhängenden Blütenähren.

bringen können, wie *Thalictrum*. Besonders *Thalictrum delavayi* muss man manchmal aufbinden, da es sehr hoch wird und leicht umfällt. Ich versuche, es zwischen niedrige Büsche und andere kräftige Pflanzen zu setzen, die es stützen. Ich bekenne, dass ich an aufgebundenen Pflanzen selten Freude habe. In manchen botanischen Gärten sieht man Ende April Unmengen Erbsenreiser für die Beete bereitliegen. Erst wenn dieses Stützmaterial überwachsen ist, sieht die Rabatte akzeptabel aus.

PFLANZENFAMILIEN

Es gibt erstaunliche Größenunterschiede innerhalb bestimmter Pflanzenfamilien. Die Bezeichnung kommt nicht von ungefähr, denn genau wie bei Menschenfamilien mit ihren Brüdern, Schwestern und Cousinen gibt es in einer Pflanzenfamilie nähere und entferntere Verwandte. Man betrachte zum Beispiel die Knöterich-Arten. Einige von ihnen, wie *Persicaria affinis* und *P. vacciniifolium,* bilden dichte Teppiche auf der Erde, während andererseits *P. amplexicaulis* buschig und gut 1,20 m hoch und breit wird.

Die Kultursorten und Auslesen des Kerzen-Wiesenknöterichs (*Persicaria amplexicaulis*) sind ebenso pflegeleicht wie verlässlich; ab Juli verwandeln sie sich in wahre Insektenmagneten.

Den Leuten scheinen die großen Unterschiede innerhalb einer Pflanzenfamilie nicht immer richtig klar zu sein, und so achten sie beim Pflanzenkauf nicht darauf. Zu ihrem Entsetzen entwickelt sich dann beispielsweise die für den Rabattenrand gekaufte Pflanze zu einer imposanten Gestalt. Ist die ursprünglich gewünschte Pflanze nicht zu haben, kommt es darauf an, eine andere von vergleichbarem Aussehen zu wählen. Es reicht nicht aus, dass sie den gleichen Gattungsnamen trägt, zum Beispiel *Campanula*. Auch hier gibt es Zwerge und Riesen, wie die statueske *Campanula lactiflora*, die 1,50–2,00 m hoch wird und riesige zartblaue Glockenblüten trägt. Einige niedrige Glockenblumen wie *Campanula carpatica* var. *turbinata* und *Campanula glomerata* var. *alba* 'Schneekrone' mit ihren weißen hochsommerlichen Glockenähren sind wertvolle Bodendecker.

Ein anderes Beispiel sind die Enziane. Die meisten Menschen denken bei Enzian nur an niedrige Matten wunderschöner tiefblauer Blüten. *Gentiana lutea* ist hingegen eine drama-

Beth und Andrew Chatto führten über ihre Pflanzen penibel Buch, und doch gibt es die eine oder andere, bei der wir uns bis heute nicht sicher sind. Unweit der Goldlärche steht eine davon – eine angenehm duftende sommergrüne Azalee. Wir glauben, dass es sich dabei um eine Westliche Azalee (*Rhododendron occidentale*) handelt.

tische Blattschmuckstaude, die 90–120 cm hoch wird und steife Quirle gelber Blüten trägt – die einzige Ähnlichkeit zu ihren zwergigen Verwandten besteht in deren Glockenform. Wie die meisten Gärtnereien gebe ich mir Mühe, die Pflanzen in meinem Katalog sorgfältig zu beschreiben, aber bisweilen werden die Beschreibungen nicht aufmerksam genug gelesen. Farbfotos in Büchern und Zeitschriften sind zwar hübsch, können aber – besonders bei Nahaufnahmen – irreführend sein, da sich daraus nicht die tatsächliche Größe der Pflanze ablesen lässt.

In der Gärtnerei sollte man sich vor Spontankäufen hüten. Von der Schönheit einer Pflanze kann man so überwältigt sein, dass man ihre Eigenheiten völlig ignoriert: Wo sie wachsen soll, ob man überhaupt den richtigen Platz dafür hat, wie lange sie blüht. Eine sehr kurze Blüte mag noch so exquisit sein – oft hat man mehr von etwas weniger Spektakulärem mit längerer Blütezeit.

Immer lohnt sich eine in der Höhe gestaffelte Bepflanzung. Erreichen lässt sich dies unter anderem dadurch, dass man Kletterpflanzen in Bäume ranken lässt, besonders dort, wo es an Mauern fehlt (siehe Seite 165). Bei mir wächst eine *Clematis viticella* an einer blassrosa Zierkirsche, *Prunus* 'Shirofugen'. Die Kirschblüte ist rasch vorbei, die Clematis aber blüht den ganzen Sommer. Ich habe das von Christopher Lloyd gelernt, der das sehr erfolgreich in Great Dixter praktiziert.

Die Blaublatt-Funkie (*Hosta sieboldiana* var. *sieboldiana*) 'Spinners' ist eine der besten mehrfarbigen Funkien und hier im Garten – genau wie etliche andere – zu beträchtlicher Größe herangewachsen. Das frühsommerliche Trio wird durch Goldsegge (*Carex elata*) 'Aurea' und die zartrosa Blütenwedel der Garten-Astilbe (*Astilbe* × *arendsii*) 'Venus' komplettiert.

PFLANZEN KOMBINIEREN UND STAFFELN

Wann immer möglich, setze ich meine Pflanzen in Grüppchen, nicht einzeln. Übertreiben sollte man dies allerdings nicht, denn allzu sorgfältig abgezirkelte Gruppen wirken oft steif und förmlich. Ich habe es gerne, wenn die Pflanzen ineinanderwachsen, sobald sie etabliert sind, oder sich selbst versamen. Ich pflanze auch nicht immer in geschlossenen Dreier- oder Fünfergruppen, sondern setze gelegentlich ein oder zwei Pflanzen in etwas größerer Entfernung, so, als hätten sie sich selbst dorthin ausgesät. Die Natur hilft auch oft nach, wenn ich es selbst nicht mache; in diesem Fall wirkt es noch viel natürlicher und attraktiver.

Auch bei einem großen Beet ist es wichtig, den Raum optimal zu nutzen. Man kann beispielsweise die Pflanzen enger setzen, als es die Lehrbücher empfehlen, vorausgesetzt, dass sie zu unterschiedlichen Zeiten treiben und blühen. Viele Menschen machen den Fehler, beim Pflanzen stur die gleichen Abstände einzuhalten. Der richtige Abstand jedoch hängt weniger davon ab, wie viel Platz die Pflanze braucht, als davon, was daneben steht. Pflanzen, die zur gleichen Zeit wachsen und blühen, dürfen nicht zu eng stehen, aber man kann Frühlingszwiebeln hervorragend ganz dicht an sommerblühende Stauden setzen.

Unterschiedliche Pflanzen wurzeln auch oft in ganz verschiedenen Bodentiefen. So habe ich den Hundszahn *Erythronium dens-canis* ganz dicht an *Hosta* gepflanzt. Er ist aber schon verblüht und zieht ein, wenn die *Hosta* ihre breitblättrigen Büsche bildet, und er wurzelt viel flacher. Man darf nicht nur die Bodenfläche bedenken: Der Pflanzraum hat auch eine Tiefe. Unterschiedliche Pflanzen nutzen unterschiedliche Schichten, einige schicken ihre Wurzeln tief hinunter, andere wurzeln flach. Die Kenntnisse darüber ergeben sich aus Beobachtung und Erfahrung, manchmal auch durch Zufall, wenn zwei Pflanzen, die man nie kombiniert hätte, sich nebeneinander ansiedeln und durch ihre Verträglichkeit überraschen.

Bei gut durchdachter Raumnutzung können Pflanzen, die zu unterschiedlichen Zeiten wachsen und blühen, dieselbe Fläche über einen langen Zeitraum schmücken. Auf einer klei-

So dicht Astilbe, Taglilien und Silber-Chinaschilf (*Miscanthus sinensis*) 'Morning Light' hier auch stehen – dem einen oder anderen Sämling gestatten sie dennoch, Fuß zu fassen.

„Auch bei einem großen Beet ist es wichtig, den Raum optimal zu nutzen. Man kann beispielsweise die Pflanzen enger setzen, als es die Lehrbücher empfehlen, vorausgesetzt, dass sie zu unterschiedlichen Zeiten treiben und blühen."

nen Fläche habe ich *Ajuga reptans* 'Atropurpurea', und durch sie hindurch wachsen die in England heimischen *Fritillaria meleagris* mit ihren schachbrettartig gemusterten, rauchig pflaumenfarbenen Glocken. Dazwischen aber steht der Spaltgriffel (*Hesperantha coccinea,* vormals *Schizostylis*), der den Boden im Frühjahr noch kaum durchbrochen hat und erst viel später im Jahr, im Oktober oder November, zum Blühen kommt. Ein anderes Beispiel: Gruppen des kleinen, violetten, im zeitigen Frühjahr blühenden Hundszahns können mitten in den Horsten zwergwüchsiger Herbstastern sitzen. An anderen Stellen wiederum finden sie ihren Weg durch niedrige Astilben.

DIE PFLANZEN UND IHRE BEDÜRFNISSE

Obgleich *Hosta* normalerweise Halbschatten bevorzugen, gibt es mehrere Arten, die offene Standorte tolerieren, solange der Boden nicht austrocknet. Einige, wie *Hosta fortunei* var. *albopicta* fo. *aurea,* verbrennen in der Sonne, doch es gibt andere, die am sonnigen Beetrand einen schönen Blickfang bilden, darunter *Hosta undulata* var. *albomarginata* mit breiten, cremefarbenen Rändern an ihren sattgrünen Blättern und die große blaugraublättrige *H. sieboldiana*.

Auch mehrere Sterndolden, darunter *Astrantia major* und *A. maxima* gedeihen, gut auf diesen Standorten. Die buntlaubige Form *A. major*, 'Sunningdale Variegated' hat im Frühling und Frühsommer außerordentlich schöne Blätter. Die Blüten, zitternde Büschel aus Staubgefäßen, von breiten Hochblättern umgeben, stehen ungefähr 90 cm hoch und sind auf unaufdringliche Art attraktiv. Ihre wichtigste Eigenschaft besteht darin, dass sie den ganzen Sommer über blühen, mit dem zusätzlichen Plus, dass man sie zu Trockenblumenbildern pressen kann, wobei die Staubgefäße sich wie die Speichen eines Rades ausbreiten.

Ich verwende gerne Horn-Veilchen und Stiefmütterchen als Randbepflanzung, aber nicht die Sorten mit den handtellergroßen Blüten. Ich verwende die kleinblütigen, teppichbildenden, die meiner Meinung nach hübscher und zierlicher aussehen. *Viola cornuta*, das kleine Horn-Veilchen mit tief lavendelfarbenen, nur 2,5 cm großen Blüten, kommt wild in den Pyrenäen vor. Ich habe es dort am selben Hang zusammen mit *Thalictrum flavum* subsp. *glaucum* und *Persicaria bistorta* 'Superba' gesehen. All diese Pflanzen wollen einen feuchten Standort.

Vom breiten Rasen zweigen schmalere Wege ab; sie stellen die Verbindung zu der langen Schattenpromenade her. Hier gedeihen Stauden, die eine schattige oder halbschattige Situation bevorzugen. Angesichts des trockeneren Bodens übergeben die breitblättrigen Funkien den Stab an *Bergenia*. Ein großer Favorit im Garten ist die Sorte 'Beethoven', deren Blüten sich zunächst weiß öffnen, um sich bald danach rosa zu färben.

FARBE IN DIE RABATTE

Oft werde ich nach Farbzusammenstellungen für die Rabatte gefragt. In der Praxis denke ich selten ausschließlich an Farbe, sondern im gleichen Maße an Form. Wenn eine Pflanze farblich nicht passt, entferne ich sie wieder. Seltsamerweise passiert dies selten. Wahrscheinlich kommt es daher, dass ich Pflanzen standortgemäß auswähle und das, was in der Natur unter gleichen Verhältnissen gedeiht, meist gut zueinander passt. Man betrachte einmal die scharlachroten Töne, das wirklich kräftige Rot, eine in einem Pflanzplan schwer unterzubringende Farbe. Sie lässt sich im Mediterranen Garten verwenden, wo sie von den graulaubigen Pflanzen gedämpft wird – so etwa die blutroten Blüten von *Anemone × fulgens* vor dem grauen Blattwerk von *Euphorbia characias* subsp. *wulfenii*. Solche Pflanzen kommen in der Natur zusammen vor, und ihre Farben gleichen sich aus. Rund um das Mittelmeer gedeihen leuchtende Pflanzen naturgemäß in der grauen, steinigen Landschaft.

Es gibt nur wenige rot blühende Pflanzen, die feuchten Boden benötigen. In einem meiner sonnigen Beete mit feuchtigkeitshaltender Erde steht eine große Gruppe einer Euphorbie aus dem Himalaja, *Euphorbia griffithii* 'Fireglow'. Ungleich den lichtgrünen Blütenständen anderer Euphorbien sind die Blütenhochblätter dieser Pflanze rot wie eine Tomate – ein wunderschönes Orangerot. Bei *Euphorbia griffithii* 'Dixter' wird diese Farbe zusätzlich durch tief korallenrote Stängel und Blätter verstärkt. *Euphorbia griffithii* 'Fireglow' ist von Juni an am schönsten, sie blüht wochenlang. Sollte sie sich weiter ausdehnen, als einem lieb ist, kann man ganz einfach zum Spaten greifen, die Sprossen abstechen und alles Unerwünschte entfernen.

Die Böschung am Haus ist häufig von Trockenheit geplagt – ideale Voraussetzungen für den schönen Silberginster (*Argyrocytisus battandieri*), dessen süßer Blütenduft an warmen Sommertagen die Bank umweht.

Auf einem mageren Sandboden wird gerade diese *Euphorbia* allerdings kläglich versagen. Im Spätfrühling greifen in derselben Rabatte die Blüten des niedrigen *Geum coccineum* 'Borisii' das intensive Orangerot der *Euphorbia griffithii* auf, unterstrichen durch den warmen, gelb-bronzenen Hintergrundschleier der sich entfaltenden Gehölzknospen – eine Kombination, die mich sehr freut. Zu dieser Jahreszeit ist in diesem

Gartenbereich kein Rosa oder Violett zu sehen, das das Farbenspiel stören könnte.

In diesem Teil der Rabatte finden sich weiße Blüten, darunter einige Herbstastern. In der freien Natur wachsen diese normalerweise in feuchten Lagen. Ich habe sie an beiden amerikanischen Küsten, im Osten wie im Westen, wild gesehen – struppige kleine Pflanzen, mit verwaschenen Farben und kleinen Blüten. Sie versamen sich wie Unkraut. Als ich einmal in Massachusetts in einem sumpfigen Gelände inmitten hoher Riedgräser und Binsen spazierenging, entdeckte ich die großen, violetten Blüten einer anderen Asternart, die fast im Wasser stand. Viele Arten, die wir in Großbritannien ziehen, sind Kreuzungen und Auslesen all dieser Vettern, aber die Sorten mit übergroßen Blüten auf schwachen Stängeln sagen mir nicht zu.

Bei Farbe denke ich ebenso sehr an Schattenwirkung wie an reine Blütenfarben. Das Spiel von Licht und Schatten auf dem Laub ist aufregend und verleiht dem Garten mehr Atmosphäre, als wenn er nur nach Blütenfarben geplant wäre, was enttäuschend flach wirken würde. Das dunkelpurpurne Laub von *Ajuga* und *Viola riviniana* Purpurea Grp. sorgt im Frühling für tiefe Schatten neben den blauen Anemonen und bildet in einem schattigeren Gartenbereich eine bezaubernde Kombination mit *Euphorbia amygdaloides* var. *robbiae*. *Ophiopogon planiscapus* 'Kokuryū' , eine grasähnliche Pflanze aus Japan mit nahezu schwarzem Laub, bildet einen hervorragenden Kontrast oder „Schatten" zu einem anderen japanischen Gras, *Hakonechloa macra* 'Aureola' mit gelb gestreiften Blättern. Ich könnte mir dazu auch *Carex buchananii* wie eine Fontäne im Hintergrund vorstellen. Es hat einen reinen Bronzeton ohne alles Grün, was manche nicht mögen, doch seine Halme sehen entzückend aus, wenn das Licht darin spielt.

„In der Praxis denke ich selten ausschließlich an Farbe, sondern im gleichen Maße an Form. Wenn eine Pflanze farblich nicht passt, entferne ich sie wieder. Seltsamerweise passiert dies selten. Wahrscheinlich kommt es daher, dass ich Pflanzen standortgemäß auswähle und das, was in der Natur unter gleichen Verhältnissen gedeiht, meist gut zueinander passt."

Die blutrote *Anemone × fulgens* passt hervorragend zum dunkel graugrünen Laub der Mittelmeer-Palisaden-Wolfsmilch (*Euphorbia characias* subsp. *wulfenii*).

DESIGNSTRATEGIEN

Ich halte es für sinnvoll, für jede neue Rabatte eine Pflanzenliste zusammenzustellen, selbst wenn man keinen richtigen Pflanzplan macht. Ich persönlich beginne mit einer Liste mit Pflanzen, von denen ich weiß, dass sie dort gedeihen und zusammen gut aussehen werden. Das umfasst die hohen Pflanzen für den Hintergrund oder – bei einem Inselbeet – die Mitte; die weniger aufregenden Pflanzen, die man braucht, um die Hauptdarsteller ins rechte Licht zu rücken; und einige massige Pflanzen wie Funkien, Bergenien oder Elfenblumen als Pufferzonen, die einen Bereich beruhigen oder zusammenhalten. Mit einer solchen Liste beginne ich grundsätzlich; dann sehe ich bei meinem Spielmaterial nach, das ich von Reisen mitgebracht habe, und suche davon aus, was mir für das neue Beet geeignet erscheint. Wenn ich alles durchgeschaut habe, füge ich vielleicht noch andere aus der Gärtnerei oder aus anderen Gartenteilen hinzu, deren Größe, Form und Blattwerk dazu passen. Ich brauche vielleicht ein hohes Gras oder eine *Actaea* oder ein *Aconitum*, um Höhe einzubringen. Dann brauche ich etwas Massiges, wie den Knöterich *Persicaria amplexicaulis* beispielsweise, der später im Jahr so wunderbar ist, und außerdem niedrige Pflanzen und Polsterformen und so weiter. Die Wuchsform kommt bei mir an erster Stelle, dann aber auch die rosa Blüten eines Storchschnabels und das Lachsrosa oder die Flammenfarben verschiedener *Persicaria*-Arten, und schließlich fällt mir noch ein, dass der tiefere, aber nicht unbedingt kontrastierende Farbton eines purpurblättrigen Günsels eine attraktive Ergänzung wäre.

Wenn man sich nur auf die Farbe konzentriert, fehlen dem Garten andere Aspekte. Man kann natürlich ständig verblühte Pflanzen entfernen und durch neue ersetzen. Das ist sehr arbeitsintensiv, kostspielig und sehr gekünstelt. Woran ich mich in meinem Garten am meisten erfreue, ist der Kontrast der Blattformen und natürlich immer die Erwartung, dass Blüten erscheinen. Geht man an einem Beet entlang, in dem alles gleichzeitig blüht, muss man sich die beängstigende Frage stellen: „Was wird denn hier in drei Wochen sein?“ In meinem Garten muss natürlich einiges heruntergeschnitten werden, aber

gewöhnlich treibt anderes schon durch und nimmt den Platz ein, oder es steht dort eine aufregende Blattschmuckstaude, die man bisher nicht bemerkt hat. Man braucht nicht ständig bunte Blüten. Ein paar gut platzierte, juwelengleiche Farben inmitten von formbeständigem Blattwerk reichen völlig aus, um ein Bild zu beleben.

Beiderseits der Rasenwege liegen sonnige Rabatten; den recht feuchten Boden in Teichnähe bedeckt im Frühjahr die Sumpf-Wolfsmilch (*Euphorbia palustris*) 'Walenburg's Glorie', eine fantastische Auslese. Am weniger frischen Wegrand gegenüber bereiten sich Funkien, Astilben und Gräser auf die kommenden Monate vor.

SCHATTENBEETE

Dieses Kapitel verfasste Beth, noch bevor sie den Waldgarten (Seite 152–169) mit seinem deutlich tieferen Schatten anlegte. Sie geht hier generell auf Schattenpflanzungen ein und auf die Erfahrungen, die sie in ihren eigenen schattigeren Bereichen machte, allen voran jene entlang der Promenade unter den großen Eichen.

Manchmal kommen Leute, die in ihrem Garten eine Eibe haben, unter der nichts wächst, und fragen mich um Rat, was sie dort pflanzen könnten. Die Antwort ist dann einfach: „Nichts, sorgen Sie lieber für eine Mulchschicht aus Lauberde oder gehäckselter Rinde und belassen Sie es dabei.“ Unter einem so schattigen Baum gibt es kaum Licht und vor allem: Der Regen dringt kaum durch. Licht- und Feuchtigkeitsmangel lassen an diesem Standort keine Pflanzen gedeihen. Bei einer Kiefer oder Birke oder bei einer ausgewachsenen Eiche, durch deren Krone das Sonnenlicht fällt, gibt es lichten Schatten, und auch etwas Regen kann hindurchkommen, abgesehen von besonders niederschlagsarmen Gebieten, wo der Boden an diesen Stellen trocken bleibt. In regenarmen Gebieten gedeihen unter einer Birke ganz andere Pflanzen, als dort bei der doppelten Niederschlagsmenge zu finden wären. Man sollte folglich die Licht- und Feuchtigkeitsverhältnisse richtig einschätzen, um zu entscheiden, was hier womöglich gedeihen könnte.

Der Boden unter einer Sumpfzypresse (*Taxodium distichum*) kann im Sommer ziemlich austrocken, vor allem an der Oberfläche. Sterndolden tolerieren solche Bedingungen gut. Die lange blühende rosafarbene Auslese *Astrantia* ‘Roma’ im Vordergrund fügt sich hervorragend zur Blaublatt-Funkie (*Hosta sieboldiana*) ‘Frances Williams’ (rechterhand) und zu den hohen stahlblauen Blütenkerzen des Eisenhuts (*Aconitum*) ‘Stainless Steel’ im Hintergrund.

SCHATTENTYPEN

Tatsächlich gibt es zwei Schattentypen: Den Schatten, den Bäume und Sträucher werfen, und Gebäudeschatten. Pflanzen in Gebäudenähe bekommen manchmal gar keine direkte Sonne, erhalten aber trotzdem jederzeit etwas Licht. Pflanzen in einer Rabatte an der Nordseite einer hohen Mauer erhalten mehr Licht als solche unter einem Baum mit schirmförmiger Krone. An der Mauer werden Pflanzen besser blühen, denn dazu brauchen sie Licht. Je tiefer der Schatten, umso weniger Blüten. Lilien gedeihen im Halbschatten, unter einer dichten Baumkrone würden sie aber infolge des ungenügenden Lichteinfalls kümmern.

Linke Seite: Im Spätfrühling drängt sich Wald-Vergissmeinnicht (*Myosotis sylvatica*) zwischen das junge Laub der Stauden – ein schöner Kontrast zur noch frischgrünen *Hosta* 'Gold Standard' und dem Farn weiter hinten. Eine tiefrosa blühende Liebliche Weigelie (*Weigela florida*) 'Purpurea' und die wunderbar duftende *Choisya ternata* 'Aztec Pearl' lenken den Blick hinauf zu den Bäumen.

Pflanzplan für ein Beet in trockenem Schatten

Die Bepflanzung ist ausreichend für eine etwa 7 Meter breite und 2,50 Meter tiefe Fläche. Den hinteren Abschluss bilden Fleischbeere (*Sarcococca*) und Herbst-Anemonen (*Eriocapitella japonica*).

Legende

1 *Eriocapitella japonica* 'Honorine Jobert' (6 ×)
2 *Anemone nemorosa* (11 ×)
3 *Digitalis lutea* (3 ×)
4 *Brunnera macrophylla* (5 ×)
5 *Dicentra formosa* 'Langtrees' (5 ×)
6 *Dryopteris filix-mas* (1 ×)
7 *Epimedium × perralchicum* 'Frohnleiten' (3 ×)
8 *Erythronium dens-canis* (9 ×)
9 *Geranium macrorrhizum* (5 ×)
10 *Helleborus foetidus* (3 ×)
11 *Liriope muscari* (3 ×)
12 *Melica uniflora* fo. *albida* (3 ×)
13 *Milium effusum* 'Aureum' (3 ×)
14 *Polygonatum × hybridum* (3 ×)
15 *Polystichum setiferum* (Divisilobum Grp.) 'Dahlem' (1 ×)
16 *Pulmonaria* (3 ×)
17 *Sarcococca* (1 ×)
18 *Tiarella cordifolia* (5 ×)

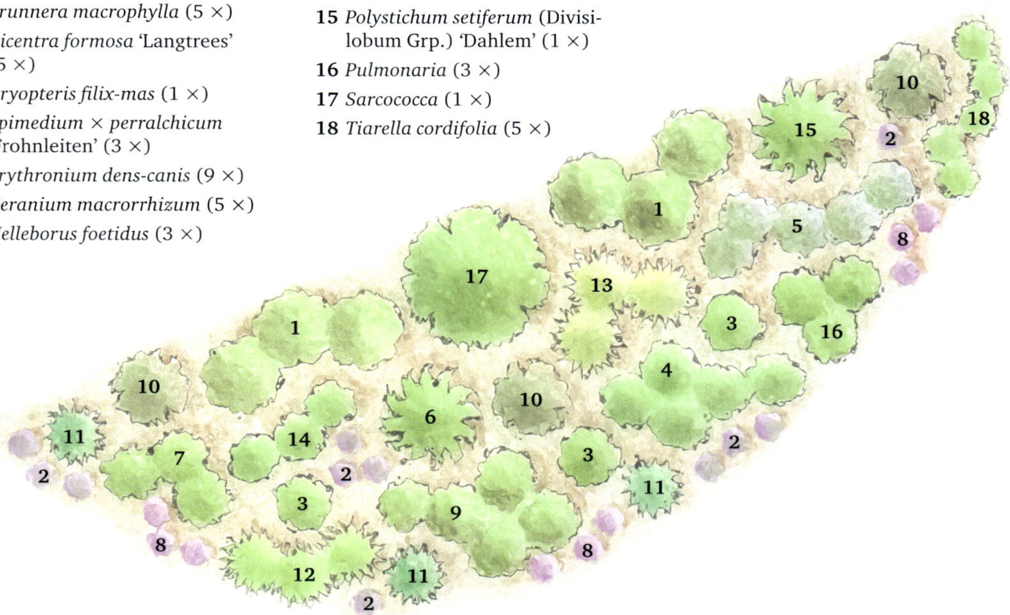

Nur wenige wirklich schöne Pflanzen gedeihen im trockenen Schatten. Natürlich meine ich keine knochentrockenen Schattenplätze, sondern Stellen, die durch den Schatten eines dichten Laubdachs, das nur wenig Regen durchlässt, im Hochsommer austrocknen. Zusätzlich ziehen an diesen Stellen die Baumwurzeln einen Großteil der Feuchtigkeit, die zur Verfügung steht, sodass die Gartenpflanzen ein mühsames Dasein fristen. Großartiges Blattwerk und hübsche Blüten zu jeder Jahreszeit sind hier ein Ding der Unmöglichkeit. Wählen Sie stattdessen Pflanzen, die von Natur aus darauf eingestellt sind, die Frühjahrsniederschläge zu nutzen und die Sommermonate, wenn der Schatten am tiefsten ist und der Regen am spärlichsten fällt, auf die eine oder andere Weise durchzustehen. Ich denke dabei an Pflanzen wie Kleines Immergrün, Efeu und sogar Alpenveilchen, die trockene Standorte erstaunlich gut vertragen.

Ist das Laubdach der Bäume weniger dicht, sodass das Wasser durchkommt, und halten zudem gleichmäßige Regenfälle den Boden feucht, dann steht eine sehr viel größere Auswahl an Waldpflanzen zur Verfügung, zum Beispiel aus den Waldgebieten Nordamerikas und Japans, wo die Niederschläge natürlich höher sind als bei uns. Im Westen Englands, in Wales oder Schottland, wo die jährlichen Niederschläge zwischen 1000 mm und 1500 mm betragen, ist die Pflanzenauswahl für den Schatten wesentlich größer.

Bei beständig kühlen und feuchten Bedingungen können viele erstklassige Moorbeetpflanzen wie Rhododendron-Arten, zarte Farne und der berühmte blaue Scheinmohn aus dem Himalaja gezogen werden. Alles, was bei mir im Osten Englands wächst, ist fast überall für Sonnenplätze geeignet, vorausgesetzt, die Pflanzen haben während der Wachstumsperiode genügend Feuchtigkeit. Einige Pflanzen, darunter *Actaea simplex* 'White Pearl', verbrennen in direktem Sonnenlicht, auch wenn ihre Wurzeln nassen Boden haben. Die meisten Pflanzen, die unter meinen Bäumen und Sträuchern gut gedeihen, sind Frühlingsblumen. Sie nutzen das Licht, bevor sich das Laubdach bildet. Schattengärten blühen typischerweise zwischen März und Juni. Der Rest des Jahres wird in diesem Gartenteil von Blattwerk bestimmt.

Der Pontische Rhododendron (*Rhododendron ponticum*) gilt heute als invasiv, was der Schönheit seiner Blüten allerdings keinen Abbruch tut. Beth zog ihn den pompöseren Kultursorten vor. Zu seinen Füßen breiten Bodendeckerstauden – Lungenkraut, Falsche Alraunenwurzel (*Tellima*) und Funkien – ihren dicht gewebten Blätterteppich aus.

Die größeren Schattenbereiche in meinem Garten sind derzeit [1989] dort, wo wir eine Mischung immergrüner und Laub abwerfender Sträucher und Nadelbäume zu bereits vorhandenen Bäumen, hauptsächlich alten Eichen, gepflanzt haben; so entstand etwa an der Westgrenze des Grundstücks eine lange Schattenpromenade. Auch hier ist der Schatten variabel, und einige Teile der Rabatte erhalten volle Morgensonne. Im Hochsommer aber, wenn die Bäume voller Laub stehen, gibt es Bereiche, die den ganzen Tag über im Schatten liegen. Dies ergibt

ideale Bedingungen für großblättrige Pflanzen wie Funkien und Farne zwischen Teppichen aus munter kriechender Schaumblüte, blauem und weißem *Phlox stolonifera*, buntlaubigen *Ajuga*-Sorten und anderen, niedrigen, teppichbildenden Pflanzen. Diese bedecken den Boden und bilden mit ihren Formen, Strukturen und Farben Muster bis in den Herbst.

An anderen Stellen im Garten lege ich vor allem große Inselbeete an, in der Regel lang und rautenförmig. Alle haben eine sonnige und eine kühle, schattigere Seite, und je nach Bedarf lege ich auf die eine oder die andere mein Hauptgewicht (wie ich es im Kapitel über den Garten am Wasserspeicher auf Seite 138 beschreibe). Ich setze die Bäume und Sträucher, die das „Rückgrat“ der Pflanzung bilden, leicht versetzt von der Mitte. So erhält etwa ein Beet, in dem der Boden nicht gut genug für empfindliche Waldpflanzen ist, nur eine schmale Schattenseite, auf der ich nur robuste schattenliebende Pflanzen verwende. Der freien, sonnigen Seite gebe ich vor ihrem Gehölzhintergrund größeren Raum. An anderen Stellen, wo der Boden besser ist und das Wasser länger hält, sodass ich

Nicht eine Blume ist entlang dieses Pfades zu entdecken. Der Fontänen-Schirmbambus (*Fargesia nitida*) ist erblüht und abgestorben; ihn ersetzt inzwischen *Fargesia scabrida*. Im Mittelpunkt des Arrangements steht ein stark beschnittener Eschen-Ahorn (*Acer negundo*) 'Flamingo' (siehe auch Seite 130), hervorgehoben durch die leuchtende *Hosta* 'Gold Standard' zu seinen Füßen.

Die Akeleiblättrige Wiesenraute (*Thalictrum aquilegiifolium*) versamt sich auf fast allen Böden, bleibt dabei jedoch so zurückhaltend, dass sie eigentlich immer willkommen ist. Ihre flauschigen Blüten trägt sie auf kopfhohen, dunklen Stängeln, die sie aus dem attraktiven Laub emporschiebt.

interessantere Schattenpflanzen ziehen kann, gestalte ich das Beet von der Nordseite aus, um für diese Pflanzen mehr Raum zu gewinnen. Dabei behalte ich grundsätzlich zwei Dinge im Hinterkopf: Die Pflanzung soll harmonisch werden,und ich will den Boden und die verfügbaren Niederschläge optimal nutzen.

„Gibt man der Pflanze eine Chance und bereitet den Boden gründlich vor, so wird sie es mit reichhaltiger Blüte danken und sich vermehren. Die Enttäuschung, dass eine Pflanze nicht so gedeiht wie erwartet, hat für gewöhnlich ihren Grund: Man hat den falschen Standort ausgesucht und den Boden nicht ausreichend aufbereitet."

DER KLEINE SCHATTENGARTEN

Schattenplätze kommen in vielen Teilen meines Gartens vor. An einer Stelle unter einer hohen Eiche und einer Stechpalme (*Ilex*) stehen viele kleine Kostbarkeiten, die auch für einen kleinen Garten geeignet wären, zum Beispiel unter einem Apfelbaum statt einer Eiche. Als ich damals diesen Teil des Gartens anlegte, arbeitete ich völlig allein; zudem hatte ich noch nie davon gehört, dass sich Unkraut mit einer dicken Schicht Laubkompost oder Rindenmulch in Schach halten lässt. Ich konzentrierte mich darauf, Bodendecker zu setzen. Zu den Besten zählt das kleinblättrige Immergrün. *Vinca minor* 'Variegata' bildet dichte Teppiche weiß gerandeter Blätter, andere Sorten tragen blaue, violette oder weiße Blüten, und es gibt gefüllt blühende in Blau und Violett. Am Anfang habe ich den Fehler gemacht, das Kleine Immergrün zu *Cyclamen* zu pflanzen, aber es überwucherte sie. *Cyclamen* entwickeln sich mit der Zeit zu einer Bodendecke, die vom Herbst bis in den späten Frühling hält. Sie säen sich selbst aus, wobei das Laub ganz unterschiedliche Marmorierungen aufweist. Das Immergrün halte ich jetzt sauber getrennt von ihnen und verwende es gern unter Sträuchern. Ich habe *Vinca minor* 'Bowles Blue' rund um *Hamamelis mollis* gepflanzt, wo es den Boden unter diesem breit ausladenden Strauch vollständig bedeckt und mir erspart, auf Händen und Knien darunter das wuchernde Unkraut auszuzupfen. Hingegen pflanze ich nie *Vinca major*, das für die meisten Gärten zu stark wuchert.

FRÜHBLÜHER

An einem schattigen Platz mit nicht besonders nahrhaftem Boden kann man robuste Pflanzen wie das in England heimische Hasenglöckchen *Hyacinthoides non-scripta*, *Arum italicum* subsp. *italicum* 'Marmoratum', Weißen Fingerhut *Digitalis purpurea* fo. *albiflora* und sogar einige Storchschnabel-Arten, darunter *Geranium macrorrhizum*, problemlos sich selbst überlassen. Zu den ersten Frühlingsblüten gehören die von *Narcissus minor* 'Cedric Morris', die manchmal schon im Januar erscheinen. Sir Cedric bekam sie vor vielen Jahren aus Spanien mitgebracht. In einem milden Winter blühen auch die weiße Form der wilden Schlüsselblume, *Primula vulgaris* var. *alba*, und *Helleborus argutifolius* schon im Januar. Obwohl Letzterer aus dem Mittelmeergebiet stammt, ist er auf gut dräniertem Boden recht ausdauernd. Er wächst strauchig mit stattlichen, graugrün geäderten Blättern und zahllosen grünen, schalenförmigen Blüten, die dicht an dicht an den etwa 60 cm hohen Stängelspitzen sitzen. *Helleborus foetidus*, unsere heimische Nieswurz, öffnet ihre ersten Blüten in diesem halbschattigen Bereich irgendwann ab Januar. Beide *Helleborus*-

Im ausgehenden Winter zählt die Kissen-Primel (*Primula vulgaris*) zu den ersten Vorboten des Frühlings.

Unverwüstliche Bodendecker sind im dichten Schatten immergrüner Bäume von großem Wert. Eine hervorragende Wahl sind der Pyrenäen-Storchschnabel (*Geranium endressii*) rechts des Weges und links *Epimedium* × *perralchicum* 'Frohnleiten'. Je dichter sich der Baumschatten entwickelt, desto schwieriger wird irgendwann die Pflege der Rasenwege.

Arten bleiben mit ihrem ausdrucksvollen Laub über vier bis fünf Monate bis weit in den Sommer ansehnlich – auch dann noch, wenn sie Samen ansetzen.

Zu den ersten Pflanzen, die im Halbschatten unter einer Eiche oder einem Apfelbaum erscheinen könnten, zählen die Alpenveilchen. Infolge ihrer panaschierten, attraktiven Blätter sind sie immer entzückend, ob sie blühen oder nicht. Ich besitze eine Auslese von *Cyclamen coum* mit runden, ganz und gar silbernen Blättern, wie ein blankes Geldstück. Der Unterschied zwischen *Cyclamen coum* und *C. hederifolium* besteht in der

Blattform: *Bei C. coum* ist sie fast rund, *bei C. hederifolium* efeuförmig.

Im zeitigen März blühen die Hundszahngewächse. Die malvenfarbenen, lilienförmigen Blüten des Hundszahns (*Erythronium dens-canis*) sehen dem Alpenveilchen ähnlich, wenn sich ihre spitzen Blütenblätter in den ersten warmen Sonnenstrahlen nach hinten biegen. Ihm folgen *Erythronium* 'Pagoda' und *E. californicum* 'White Beauty', zwei amerikanische Hundszahn-Auslesen, die größer sind als *E. dens-canis* und zartgelbe beziehungsweise weiße Blüten tragen. Ich pflanze sie in ganzen Trupps unter Bäume und Sträucher. Besucher halten sie gelegentlich irrtümlich für kleine Lilien. Die meisten Hundszahngewächse haben wunderschön schimmernde Blätter, die gescheckt sind wie eine Schlangenhaut.

Meine letzten Schneeglöckchen zeigen sich im März. Ich habe ein ungewöhnlich großes, das vor etwa 25 Jahren auftauchte. Es duftet, und jede Zwiebel bringt zwei Blüten hervor. Bei der Royal Horticultural Society meint man, es handle sich um eine Form von *Galanthus plicatus* subsp. *byzantinus*. Jetzt zeigt sich auch *Hepatica transsilvanica*, eine köstliche blaue Blume, die ich in einem alten Garten entdeckte. Ich verwende große Mengen von *Pachyphragma macrophyllum* als Bodendecker und Aufheller im Schatten unter Büschen (Syn. *Thlaspi macrophyllum*). Es ist eine unterschätzte Pflanze, die sich nur langsam ausbreitet, dann aber mit ihren großen, runden, glänzenden Blättern ein auffälliger Bodendecker ist – ein schöner Kontrast zu *Euphorbia amygdaloides* var. *robbiae* dahinter. Wenn die Schneeglöckchen verblüht sind, leuchten die weißen Blütenteller des Scheinschaumkrauts wie verspäteter Schnee.

Ich finde, kleine Pflanzen brauchen unbedingt eine eigene Bühne. Die meisten Pflanzen in diesem kleinen Gartenbereich sind Wildarten, das heißt, es sind Pflanzen, wie sie auch in der Natur vorkommen; oder es sind allenfalls frühe Kreuzungen, die den ursprünglichen, wilden Charakter noch nicht verloren haben.

Schon im August können sich in diesem Garten die ersten Blüten des Neapolitanischen Alpenveilchens (*Cyclamen hederifolium*) zeigen; der Herbstblüher schmückt das Beet wochenlang. Sein efeuartiges, marmoriertes Laub bleibt uns erhalten, bis er sich in die Sommerruhe verabschiedet.

Linke Seite: Etliche graublaue Funkien verdankte Beth dem Pflanzenspezialisten Eric Smith. Zu dessen schönsten Züchtungen zählt *Hosta* (Tardiana Grp.) 'Halcyon', hier zurückhaltend begleitet von den grünen Blütentrieben der Falschen Alraunenwurzel (*Tellima grandiflora*). Aus Samen aufgegangene Vergissmeinnicht und orange blühender Kambrischer Mohn (*Papaver cambricum*, bisher *Meconopsis cambrica*) beleben das Bild mit sanften Farbtupfen.

SOMMERBLÜTEN

Es wird einem warm ums Herz, wenn sich schon früh im Jahr das ankündigt, was wir erwarten dürfen. Lilien, die ich im vergangenen Jahr noch als Einzelzwiebeln gesetzt habe, zeigen sich jetzt mit drei oder vier Spitzen. Gibt man der Pflanze eine Chance und bereitet den Boden gründlich vor, so wird sie es mit reichhaltiger Blüte danken und sich vermehren. Die Enttäuschung, dass eine Pflanze nicht so gedeiht wie erwartet, hat für gewöhnlich ihren Grund: Man hat den falschen Standort ausgesucht und den Boden nicht ausreichend aufbereitet.

Eine verlässliche Staude ist *Waldsteinia ternata*; sie hat glänzende, immergrüne, erdbeerartige Blätter und bildet dichte Matten. Im Frühjahr ragen aus jeder Pflanze kleine Sträuße hellgelber, schalenförmiger Blüten hervor. An ein und derselben Pflanze kommen zwei verschiedene Blätter vor: große und kleine. Wir haben sie mit *Arisaema candidissimum* unterpflanzt, das sich nicht vor Mitte Juni zeigt. Erscheint es schließlich, hat sich das Bangen, ob es wiederkommt, gelohnt. Zuerst treiben die Blütenknospen, fest und zigarrenförmig eingerollt. Dann entrollt sich schlangengleich die Blüte, die an den Aronstab erinnert. Die behelmte, weiße Blütenscheide hat rosafarbene, senkrechte Streifen. Nach und nach entfaltet die Pflanze dreiteilige Blätter, jedes einzelne einem riesigen Kleeblatt ähnlich, mit einem Durchmesser von teils mehr als 30 cm. Die Pflanze wächst nicht sehr hoch, bildet aber einen etwa 30–45 cm hohen Horst ausdrucksvoll ausgebreiteter, übereinanderliegender Blätter und ist neben dem kleingliedrigen Laub von *Waldsteinia* und der benachbarten panaschierten Form von *Saxifraga × urbium* 'Aureopunctata' besonders eindrucksvoll. Ab dem Hochsommer beeindrucken diese drei – nun ohne Blüten – als interessante Laubkombination. Später verfärben sich die Blätter von *Arisaema* honigfarben, bevor sie ganz verschwinden.

„Wählen Sie Pflanzen, die von Natur aus darauf eingestellt sind, die Frühjahrsniederschläge zu nutzen und die Sommermonate, wenn der Schatten am tiefsten ist und der Regen am spärlichsten fällt, auf die eine oder andere Weise durchzustehen."

Von der Rispenhortensie stehen inzwischen viele gartenwürdige Sorten zur Verfügung; besonders schön ist *Hydrangea paniculata* 'Limelight'.

DER SCHATTENGARTEN IM WINTER

Im Winter bleiben immer noch Gräserhorste stehen, da wir sie nicht zu früh abschneiden. *Chasmanthium latifolium* ist ein Gras aus Amerika, das hier eine graziöse Silhouette bildet. Dahinter schickt sich *Milium effusum* 'Aureum' gerade an, hellgelbe Triebe hervorzubringen. Im zeitigen Frühjahr sieht es aus, als falle Sonnenlicht durch die kahlen Zweige der Bäume. Es ist eines der wenigen Ziergräser, die ich verwende, obwohl es sich durch Selbstaussaat sehr stark ausbreitet. Da es aber sortenrein fällt, ist es leicht zu erkennen, zu entfernen oder zu verpflanzen.

Eine kleine Pflanze aus den amerikanischen Waldgebieten, *Tiarella cordifolia*, bildet immergrüne Teppiche. Wegen ihrer unzähligen kleinen, flaumigen weißen Trauerblüten, die im April erscheinen, wird sie auch Schaumblüte genannt. Dazwi-

An der herbstlichen Böschung, im Schatten von Tulpen-Magnolie (*Magnolia × soulangeana*) und anderen Bäumen, ist auf die aufhellende Wirkung der Oktober-Silberkerze (*Actaea matsumurae*) 'Elstead Variety' Verlass.

schen breitet sich *Omphalodes cappadocica* aus, die mit ihren kleinen reinblauen Blütenständen einem Ehrenpreis ähnelt. Sie ist eine vorzügliche Pflanze für kühle Standorte. Günsel macht sich gut unter Bäumen und zwischen anderen Pflanzen. Kleine Zwiebelpflanzen kommen zwischen ihm durch, ziehen dann ein und lassen seinen Reiz als teppichbildende Pflanzen bestehen. Auch im Winter kann man sich an so manchem erfreuen, auch wenn kaum etwas blüht. Eine lebhafte Laubfläche bildet die panaschierte Form von *Saxifraga* × *urbium* 'Aureopunctata'. Sie blüht im Mai mit lockeren Sträußen köstlich rosiger Blüten; im Winter erfreut sie mit ihren frischen Rosetten dunkelgrüner, goldgefleckter Blätter.

Selbst im Winter habe ich nicht gern größere Flächen offenen Bodens. Ich bemühe mich, den Boden das ganze Jahr bedeckt zu halten. Einige Pflanzen ziehen aber vollständig ein. Hat man einige Pflanzen, die im Winter verbleiben, dann hilft dies, den Garten lebendig zu halten; und wenn man einige Samenstände oder attraktive Gräser stehen lässt, entstehen damit kleine Gartenbilder. Man braucht sich nur umzuschauen, um Pflanzen zu finden, die das ganze Jahr als Bodendecker geeignet sind. Für öffentliche Parkanlagen kann das von Vorteil sein. Ich als Sammlerin liebe allerdings eine Kombination aus immergrünen und laubabwerfenden Pflanzen. Ich mache mir nichts aus einigen kahlen Stellen hier und da, es gehört zum winterlichen Jahreswechsel. Ich finde sie aber viel ansehnlicher, wenn der nackte Boden mit einer Mulchschicht bedeckt ist.

SCHATTENLIEBLINGE

Elfenblumen sind ausgezeichnete Pflanzen für schattige Plätze. Es gibt viele Varietäten, alle tragen an dünnen, drahtigen Stängeln schildförmige Blätter, die einander überlappen wie Dachziegel oder Fischschuppen. Bevor die neuen Blätter im zeitigen Frühjahr erscheinen und die Blütenstiele anfangen, sich durch das Laub emporzuschieben, schneiden wir die angetrockneten Blätter ab. Die Blüten sehen wie winzige Akeleien aus, hellgelb und rosa. Manchmal sagen mir Besucher: „Meine haben noch nie geblüht." Das meinen sie, weil die Blüten unter dem vorjäh-

Rechts: Das Gefiederte Schaublatt (*Rodgersia pinnata*) 'Superba' fühlt sich an halb- bis vollschattigen Standorten wohl, Hauptsache, der Boden ist kühl und frisch. Das kastanienartige Laub bringt wertvolle Abwechslung ins Beet; später treibt die Staude rosige Blüten auf langen Stängeln, gefolgt von auffälligen Samenständen.

Unten: Kaum etwas bringt so gut Höhe ins Schattenbeet wie der Garten-Salomonssiegel (*Polygonatum* × *hybridum*); das gilt sogar für trockene Böden. Zur Blütezeit im Mai können die Ruten fast meterhoch stehen – ein wunderbarer Formkontrast zu jungen Farnwedeln.

rigen Laub regelrecht versteckt sind. Ist dieses aber entfernt, entdeckt man die tief unten verborgenen kleinen Blütenknospen, die sich später zu einer hauchzarten Wolke winziger, pastellfarbener Blüten entwickeln. Die jungen Blätter entfalten sich blassgrün und nicht selten backsteinrot oder korallenrosa überhaucht. Die leuchtende Marmorierung verblasst dann zu Grün und wird zum Teil des kühlen Teppichs im Schattengarten. Im Herbst stellen sich die warmen Farben wieder ein, und die grünen Blätter überziehen sich erneut mit bronze- und korallenfarbenen Tönungen.

In diesem Teil des Gartens habe ich auch viele verschiedene Tränende Herzen: einige mit farnartigen, grauen Blättern, andere mit glänzend grünen und einige, wie *Dicentra cucullaria*, die ganz anders aussehen als das gewohnte Tränende Herz. Fast alle sind sie rosa-pink bis weiß. Das Tränende Herz selbst (früher *Dicentra*, heute *Lamprocapnos spectabilis*) ist eine großartige Pflanze, die nicht so stark wuchert wie die kleineren, nur für die Randbepflanzung geeigneten Formen.

Steht mehr Platz zur Verfügung und hat man keine Bedenken, wenn sich etwas ein wenig ausbreitet, dann ist *Euphorbia amygdaloides* var. *robbiae*, die das ganze Jahr über gut aussieht, empfehlenswert. Sie bringt stattliche Rosetten dunkelgrüner, lederartiger Blätter hervor, und aus der Mitte einer jeden Rosette entfaltet sich im Frühjahr ein langsam höher werdender Blütenstand mit den typischen, leuchtend grünen Blüten der Gattung. Die Blütenstände bleiben oft den ganzen Sommer über erhalten, und in manchen Gärten werden sie zart kupferfarben. *E. a.* var. *robbiae* breitet sich durch unterirdische Ausläufer aus und ist eines der wenigen Wolfsmilchgewächse, die Schatten vertragen. Es eignet sich für einen großen Garten zwischen Gehölzen oder unter einem ausgewachsenen Baum. Hat man nur einen kleinen Garten, ist vielleicht ein striktes „Nein" angebracht, es ist aber etwas für all diejenigen, denen etwas an Pflanzen liegt, die auch im Winter gut aussehen. Sie liefert gutes Laub für die Blumenbinderei und eine entschiedene Form für den Garten.

Farne gedeihen wunderbar in kühlem Schatten. Zu gern hätte ich in meinem Garten im Osten Englands Farne, wie sie

Über das glänzend grüne Sommerlaub der Elfenblume *Epimedium × rubrum* legt der Herbst Bronzefarben. Im ausgehenden Winter entfernen wir die vorjährigen Blätter, damit die tiefrosa Blüten und der junge, bronze-rot überhauchte Frühjahrstrieb besser zur Geltung kommen.

Linke Seite: In einer feuchten Senke drängt sich kastanienblättriges Gezähntes Schaublatt (*Rodgersia podophylla*) neben den Europäischen Straußenfarn (*Matteuccia struthiopteris*); die malvenroten Blüten des Pontischen Rhododendrons (*Rhododendron ponticum*) bringen Tiefe ins Bild. Im Hochsommer dankt eine Japanische Scheinkamelie (*Stewartia pseudocamellia*) den sauer aufbereiteten Boden und den lichten Schatten mit exquisiten, kamelienartigen weißen Blüten. Eine Stütze hält den betagten Baum bereits seit Jahren aufrecht.

unter den Küstenmammutbäumen an der Westküste Oregons wachsen. Dort wird *Polystichum munitum* so groß wie ich. Der Niederschlag beträgt 1500–2500 mm im Jahr. Gärten mit einem feuchten Klima sind für viele Farne vortrefflich, da diese nicht nur hohe Luftfeuchtigkeit, sondern zusätzlich feuchte Lauberde brauchen. Für Gärten, die sehr windexponiert liegen, ist die Auswahl an Farnen begrenzt. Einige aber sind robust und gedeihen nahezu überall. Der geeignetste ist vielleicht der Wurmfarn, *Dryopteris filix-mas*, aber auch er mag es nicht, wenn man ihn in eine heiße, sonnige Rabatte setzt. Erstaunlicherweise verträgt er trockenen Schatten – ich habe ihn schon im stark durchwurzelten Boden einer Hecke prächtig gedeihen sehen. Er ist ein stattlicher Farn, auch wenn er nicht zu den erlesenen Arten gehört („erlesen" bedeutet meist leider auch schwierig).

Eleganter finde ich die Schildfarne. Verschiedene Sorten wie *Polystichum setiferum* Acutilobum Grp. sind zierlicher und eleganter. Sie sind in kühler Erde, vor Wind und Sonne geschützt, nicht schwierig zu ziehen. Eine gute Sorte des heimischen Tüpfelfarns ist *Polypodium* × *mantoniae* 'Cornubiense', ein immergrüner Farn, der sich in winterlichen Blumengebinden zusammen mit Skimmia-Beeren und Schneeglöckchen gut macht, wenn das Zimmer nicht zu warm ist. Der Gewöhnliche Tüpfelfarn *Polypodium vulgare* hat einfachere Blätter, die nicht so vielfach geteilt sind. Der Hirschzungenfarn, *Asplenium scolopendrium*, wird zu Ende des Winters ziemlich unansehnlich, ich schätze aber den starken Formkontrast zu feingliedrigen oder runden Blättern.

Die meisten Leute schauen ungläubig, wenn ich Efeu für magere schattige Böden empfehle, zum Beispiel für eine unmöglich trockene Stelle unter einem dichten Baum. Ich habe einen praktisch knochentrockenen Platz unter einer großen Stechpalme. Je dichter man an den Stamm einer alten Eibe oder Stechpalme kommt, umso schwieriger wird es, überhaupt noch etwas zu pflanzen, und Mulchen kann die beste Lösung sein. Ich habe festgestellt, dass Kleines Immergrün und verschiedene Sorten des gewöhnlichen Efeus, *Hedera helix*, das Einzige ist, das unter meiner Stechpalme wächst. Efeu lässt

Lenzrosen *Helleborus* × *hybridus* blühen in den unterschiedlichsten Farben, von Cremeweiß über Rosa bis hin zu nahezu Schwarz. Während sich besonders die dunklen Auslesen allgemeiner Beliebtheit erfreuen, legte Beth Wert auf die Leichtigkeit, die grün überhauchtes Weiß ins Beet bringt.

Rechts: Unterschiedlichste Blattschmuckstauden – silberschimmerndes Lungenkraut, Günsel, Storchschnabel, Funkien, Farne – sind hier zu einem Paradebeispiel für Beths „grünen Webteppich" kombiniert. Die anmutigen Blütenstängel von Silber-Chinaschilf (*Miscanthus sinensis*) 'Yaku Jima' sind der perfekte Ausgleich zum rosa blühenden, buntlaubigen Stauden-Phlox (*Phlox paniculata*) 'Norah Leigh'.

sich offenbar selbst von den trockensten Stellen nicht schrecken. Es gibt so viele verschiedene Arten mit wirklich attraktiven Blättern, unterschiedlich in Größe und Form und mit den verschiedensten Mustern. An einem Ende der langen Schattenrabatte war eine lang gezogene, kahle Böschung, die ich vollständig mit Bändern aus verschiedenen Efeu-Sorten zugedeckt habe. Der Boden bestand aus so schwerem Ton, dass dort nicht einmal das einheimische Unkraut wuchs. Ich stach schräge Löcher in den Ton, aus denen das Wasser ablaufen konnte, füllte sie mit einem Spaten voll Komposterde und setzte meine Pflänzchen hinein. In vergleichsweise kurzer Zeit war der Hügel grün, der Tonboden völlig verdeckt. Nun sind andere schattenliebende Pflanzen zwischen den Efeuausläufern angesiedelt. *Euphorbia amygdaloides* var. *robbiae*, *Iris foetidissima* und *Euphorbia amygdaloides* 'Purpurea', die rot getönte Sorte der heimischen Wolfsmilch, tragen mit kontrastierenden Formen zu einem reizvollen Bild bei.

Es gibt nicht allzu viele immergrüne Stauden oder Gehölze, die strenge Winter überstehen. Dankbar bin ich für einen Efeu, der strauchartig wächst. Es ist *Hedera helix* fo. *poetarum* 'Poetica Arborea'; langsam bildet er einen Busch nur mit blühenden Trieben. Er treibt keinerlei lange Triebe und wird dies auch niemals tun, weil er aus einem fruchtenden Zweig vermehrt wurde. Jeden Winter ist er voller Beerenbüschel. Beim gewöhnlichen Efeu, *Hedera helix*, werden die Beeren schwarz, bei diesem aber färben sie sich im Frühling zart orange. Dicht am Stamm der großen Eiche steht eine Portugiesische Lorbeerkirsche, *Prunus lusitanica*, und als schlanke Vertikale dient eine gerade Eibe; der Strauchefeu hingegen bringt eine runde Form ein, die sonst fehlen würde.

Mehrere Arten von *Viola* am Saum der Rabatte bleiben im Winter als Blattteppiche erhalten, darunter weiße und blaue *Viola cornuta*. Die Blätter des Günsels können durch Frost etwas in Mitleidenschaft gezogen werden, sie sind aber sehr dekorativ. Eine Sorte, *Ajuga reptans* 'Burgundy Glow', hat teils pink übermaltes Laub, und die panaschierte Form ist cremefarben-grün gemustert. Ein moosartiger Steinbrech mit zart eingeschnittenen Blättern ist dazu ein guter Kontrast. Ungefähr zur gleichen Zeit wagt sich *Viola septentrionalis* aus dem Boden, mit großen, weißen, duftlosen Blüten. Die Horste sind leicht zu entdecken, bevor die Blätter erscheinen, weil die rhizomartigen Triebe praktisch an der Oberfläche aufliegen.

Als immergrüner Akzent für einen kleinen Garten eignen sich alle *Sarcococca*-Arten. Sie mögen Schatten und wachsen zu kleinen, dichten Sträuchern mit spitzen, glänzenden Blättern heran. Wenn es nicht zu kalt ist, kann man im Januar

Im Mittelpunkt dieser Komposition entlang der Schattenpromenade stehen Gebirgs-Wurmfarn (*Dryopteris wallichiana*) und Blaublatt-Funkie (*Hosta sieboldiana*) 'Frances Williams'; im Spätsommer wartet dahinter eine Raue Hortensie (*Hydrangea aspera*) Villosa Grp. mit Blüten auf.

selbst von ganz jungen Pflanzen kleine Ruten mit süß duftenden, weißen Blüten schneiden.

Am Rand des „Wintergartens" steht ein großer immergrüner *Viburnum davidii*. Dort, wo der Garten sich ändert und zu einem freien kiesigen Hang ansteigt, breitet er sich wie ein Bollwerk über den Weg. Wenn man hier inmitten einer bestimmten Pflanzengruppe steht, mit Pflanzen, die sämtlich einen kühlen, schattigen Standort wollen, und hinaufblickt zu dem höher gelegenen Mediterranen Garten, wo sich die Pflanzen in voller Sonne und kiesigem Boden wohlfühlen, sieht man

in der Entfernung den Wechsel der Blatttypen: dort, am freien Hang, die trockenheitsliebenden graulaubigen Pflanzen wie *Artemisia*, und hier die Gruppe, die im Schatten wächst. Wenn man im Sommer aus dem Schatten in die Sonne hinaustritt, kommt es einem sogleich mehrere Grad wärmer vor.

DIE BÖSCHUNG AN DER NORDSEITE

Auf der Böschung mit dem schweren Tonboden, zwischen dem Wasssperspeicher und dem südlichen Ende des Schattengartens, wachsen Elfenblumen gut. Als Kontrast setze ich dazu den japanischen Schlangenbart *Ophiopogon planiscapus* 'Kokuryū' (Syn. *O. p.* 'Nigrescens'). Im Winter sind in seinem schwarzen, riemenförmigen Laub Büschel schimmernder, dunkler Beeren zu finden, die von den Vögeln offenbar verschmäht werden. Den Beeren gehen im Spätsommer kleine rosige Blütenähren voraus.

Im Frühling sind in diesem kühlen Beet Christrosen das Hauptthema, da viele Sorten von *Helleborus* × *hybridus* zwi-

Die ausladenden, nahezu tellerförmigen Blätter der Blaublatt-Funkie (*Hosta sieboldiana*) stehen hier in maximalem Kontrast zum tief gelappten, violettroten Laub des Fächer-Ahorns (*Acer palmatum*) 'Atropurpureum' und dem silbrig panaschierten rundlichen Eschen-Ahorn (*Acer negundo*) 'Flamingo', der sich dahinter erhebt. Der Eschen-Ahorn wird jedes Frühjahr radikal zurückgeschnitten, damit er zahlreiche junge Triebe produziert; allerdings sind darunter immer auch welche, die zur grünen Form zurückschlagen und daher später entfernt werden müssen.

schen Februar und April am schönsten sind. Sie erscheinen in vielen Tönen, pflaumen- bis rosafarben und rauchig purpurn, während andere reinweiß, grün oder bronzefarben schattiert sind. Die meisten stammen von Arten aus Osteuropa ab, die dort, am Fuße des Kaukasusgebirges, in Dickichten oder an Waldrändern rings um das Schwarze Meer vorkommen. Viele sind innen dicht kastanienbraun gesprenkelt. Inzwischen gibt es einige Auslesen, die ihre Köpfchen anheben, um einen anzuschauen, anstatt wie ein Lampenschirm herabzuhängen. Ich mag sie allerdings lieber zurückhaltend und beuge mich lieber zu ihnen herunter, um sie zu betrachten.

Bergenien wachsen hier ebenfalls; sie gedeihen fast überall. Sie sind sehr anpassungsfähige Pflanzen, und ich finde ihre großen, ledrigen Blätter im Trockengarten, wo Funkien nicht gut gedeihen würden, als Akzente ebenso nützlich. Bergenien sind zudem länger attraktiv als Funkien, da sie immergrün sind.

Die dunkle Blütenfarbe dieser Lenzrose *Helleborus × hybridus* hebt sich anmutig von den wilden Kissen-Primeln (*Primula vulgaris*) zu ihren Füßen ab.

DIE LANGE SCHATTENPROMENADE

In diesem Gartenabschnitt, der seinen Schatten von einer Reihe Eichen erhält, steht mir mehr Raum zur Verfügung, um größere und derbere Pflanzen zu ziehen, als im kleinen Schattengarten unter der großen Eiche und der Stechpalme. Es ist der ideale Platz für verschiedene Arten von *Pulmonaria*. *P. saccharata* hat die größten Blätter, stattlich gefleckt. *P. rubra* trägt korallenrote Blüten, die nie verblauen, und treibt danach große Rosetten samtiger, lichtgrüner Blätter.

Auf halbem Weg entlang der Schattenpartie wurde ein alter Rotdorn geköpft und die Wurzeln behandelt, damit er nicht mehr austrieb. Sein Stamm wurde dann als Klettergerüst für einen Efeu verwendet. Jetzt bildet *Hedera colchica* 'Sulphur Heart', ein breitblättriger Efeu mit unregelmäßigen, gelben Blattzentren, eine hohe Säule, schön herausgestellt durch eine ziemlich dunkle Stechpalme im Hintergrund. Auf diese Weise kann man einen unerwünschten Baumstrunk benutzen, um schnell eine Vertikale einzubringen, während man darauf wartet, dass ein neu gepflanzter Baum an Höhe gewinnt.

Ab Januar zeigt sich entlang der sanft geschwungenen Rabatte eine Schneeglöckchenart nach der anderen. Ich habe ein

„Als immergrüner Akzent für einen kleinen Garten eignen sich alle Sarcococca-Arten. Sie mögen Schatten und wachsen zu kleinen, dichten Sträuchern mit spitzen, glänzenden Blättern heran. Wenn es nicht zu kalt ist, kann man im Januar selbst von ganz jungen Pflanzen kleine Ruten mit süß duftenden, weißen Blüten schneiden."

paar Rhododendren entlang des Grenzwalls, aber hier ist keine Rhododendrongegend. Wüchsen sie hier besser, käme ich sicher in Versuchung, mehr zu pflanzen, vor allem die unbearbeiteten Wildarten, die ich bevorzuge. Viele meiner Rhododendren sind Formen von *Rhododendron ponticum*, deren Wert in erster Linie in ihrem immergrünen Laub und ihrer Unempfindlichkeit gegen Wind liegt. Wer nicht so von austrocknenden Winden betroffen ist wie wir, kann viel schönere Rhododendren pflanzen.

In diesem Teil des Gartens ist genug Platz für recht wuchsfreudige Bodendecker. Im Frühjahr und im Frühsommer ist eine amerikanische Flammenblume, *Phlox stolonifera*, besonders lieblich. Über den niederliegenden hellgrünen Blattrosetten stehen Blütenstände mit zartblauen oder weißen Blüten.

Viola riviniana Purpurea Grp. ist einer meiner Lieblingsbodendecker: anspruchslos, mit schmalen, dunkelpurpurnen Blättern und hellpurpurnen Blüten. Sie fällt rein aus Samen und breitet sich über Wurzelausläufer zwischen Funkien und anderen wuchtigen Horsten aus; nur der Duft fehlt ihr. Diesen findet man einzig beim Duftveilchen, *Viola odorata,* das violette, weiße oder rosa Blüten trägt, für mich aber zu meinem Bedauern viel zögerlicher wächst als andere Veilchen. Seine Blätter werden anscheinend immer wieder von Blattläusen befallen oder von einem anderen Schädling, wodurch die Blätter anschwellen und sich unansehnlich aufrollen.

Trachystemon orientalis und *Pachysandra terminalis* sind unschätzbare Bodendecker für weitläufige Gehölzpflanzungen, aber beide wuchern stark. *Helleborus foetidus* und *Tanacetum parthenium* 'Aureum' sorgen im Sommer für Schatten und Schutz für die Blätter einer besonderen Zwergnarzisse. Auch die Eiche darüber wirft dann Schatten. Gemeinsam halten sie hoffentlich die gefürchtete Narzissenfliege, die ihre Eier im Zwiebelhals ablegt, fern.

Rubus tricolor ist eine weitere hübsche, aber zudringliche Kriechpflanze. Unter Bäumen verwende ich sie als Bodendecker, oder ich lasse sie über eine Böschung wuchern. Ich habe sie auch schon einen Zaun hochwachsen sehen. Sie ist mit der Brombeere verwandt; warum heißt sie aber *tricolor*? Das

Wenn die Schneeglöckchen verblühen, übernehmen die auf kurzen Stängeln getragenen, dekorativen weißen Blütenteller des Scheinschaumkrauts (*Pachyphragma macrophyllum*). Das grüne Laub, das kurz darauf austreibt, bleibt den ganzen Sommer als Bodendecke erhalten.

kann ich mir nicht erklären, da sie mir nur zweifarbig zu sein scheint. Sie bildet Ausläufer mit langen, lockeren Trieben, die mit weichen, kupfergetönten Borsten besetzt sind. Das ungeteilte glänzende Laub sorgt schließlich sogar über Birkenwurzeln für eine ausgedehnte Bodendecke im Schatten.

Weil immer so viel zu tun ist, übersehen wir manchmal, wenn etwas überhand nimmt, und greifen nicht rechtzeitig zur Gartenschere. So ging es uns mit einem attraktiven, gelblaubigen Efeu, der sich an einem Ende der langen Schattenpromenade zu sehr ausgedehnt hat und nun die *Erythronium* überwuchert und zu ersticken droht. Das silberblättrige *Lamium maculatum* bedrängt er bereits eindeutig. Es ist daher höchste Zeit, bei diesem wuchernden Gesellen wieder einmal für Ordnung zu sorgen.

Im Spätfrühling setzen sich die jungen Wedel des Ausläufer bildenden Europäischen Straußenfarns (*Matteuccia struthiopteris*) wunderbar vor der hellrosa Blütenwolke der Hybrid-Deutzie (*Deutzia × hybrida*) 'Mont Rose' ab. Im Vordergrund präsentiert der Italienische Aronstab (*Arum italicum* subsp. *italicum*) 'Marmoratum' seine gewellten pfeilförmigen Blätter; das elfenbeinfarben geaderte, glänzend dunkelgrüne Laub bleibt den ganzen Winter erhalten.

DER GARTEN AM WASSERSPEICHER

Seit Beth Chatto „The Green Tapestry" *verfasste, wurde dieser Bereich vollständig überarbeitet – zunächst von Beth selbst, danach durch ihre Gärtnerin Åsa Gregers-Warg. Diese beschreibt am Ende des Kapitels, was dabei geschah.*

Dieser Teil des Gartens ist ein offenes Gelände mit großen, frei gestalteten Rabatten und breiten Rasenwegen. Der Boden ist hier nicht so nährstoffarm wie im Mediterranen Garten, kann aber nach langen, niederschlagslosen Perioden austrocknen. Dem ursprünglichen Kies-Sand-Boden fügten wir nämlich eine Lage Ton hinzu, als wir den Erdteich ausbaggerten. Den Aushub ließen wir abtrocknen und verteilten ihn dann grob zerkleinert auf dem kiesigen Land. Die Bäume und Sträucher in der Mitte dieser Beete haben sich gut gemacht; ihre Wurzeln kommen mit dem dichten Ton an der Oberfläche zurecht, während eine regelmäßige Strohmulchung die oberste Bodenschicht verbessert. In den übrigen Rabattenbereichen musste ich aber einiges an Ton wieder entfernen und durch Sandboden ersetzen. Beide Bodenarten wurden dann zusammen umgegraben, bevor mehr Gartensplitt, Kompost und abgelagerter Stallmist zugegeben wurde.

Der knorrige Gewöhnliche Judasbaum (*Cercis siliquastrum*) vermittelt der neuen Bepflanzung sofort einen fest etablierten Eindruck. Im Frühling und Frühsommer sorgen diverse Zwiebelblüher für Farbe, darunter auch *Allium* 'Purple Rain'. Farb- und Formwiederholungen lassen die Bepflanzung konsistent wirken.

Während wir auf dem vorhandenen Kiesboden in der Pflanzenauswahl beschränkt waren, sind wir jetzt in der Lage, unter anderem alte Beetmargeriten wie *Chrysanthemum* 'Anastasia' und *C.* 'Emperor of China' zu pflanzen. Letztere, eine alte Hybride, die von Graham Steward Thomas wieder eingeführt wurde, blüht im späten Herbst.

Einige Storchschnabel-Arten (*Geranium*), denen sehr kiesiger Boden nicht zusagt, gedeihen hier auch. Eine von ihnen, *Geranium wallichianum* 'Buxton's Variety', ist ein wahrer Schatz; sie hat königsblaue Blüten mit weißem Auge und blüht vom Spätsommer bis zum Frost. An den Rabattenrändern habe ich die zwergigen, alpinen Formen der Flammenblume, *Phlox douglasii* und *P. subulata*, gepflanzt, die unter diesen Bedingungen gut gedeihen, im Gegensatz zu hohem Garten-Phlox, der frischeren Boden braucht.

„Ich gestalte meine Inselbeete immer mit einem Rückgrat aus Bäumen und Sträuchern. Manchmal verläuft es ungefähr in der Beetmitte, manchmal ist es versetzt, um mehr Platz auf der einen oder anderen Seite zu lassen, damit die Sonnen- oder Schattenseite besser genutzt werden kann."

Oben: So sah der Garten am Wasserspeicher im Jahr 2009 aus. Beths Pflanzenauswahl konzentrierte sich vor allem auf pflegeleichte immergrüne Sträucher; Stauden nahmen nur wenig Raum ein. Der Judasbaum (links im Bild) ist das einzige Gehölz, das für die Neugestaltung erhalten blieb.

Rechts: Das Silbergrau des Woll-Ziests (*Stachys byzantina*) wird vom spektakulären Laub der Wilden Artischocke (*Cynara cardunculus*) und andeutungsweise vom Australischen Rispengras (*Poa labillardierei*) aufgenommen, während Vergissmeinnicht und Zierlauch nur vorübergehend Farbakzente setzen. Die Schwertlilie (*Iris*) 'Benton Deirdre' ist eine von vielen, auf unaufdringliche Eleganz bedachten Züchtungen von Sir Cedric Morris.

DIE INSELBEETE

Die meisten Beete in diesem Gartenbereich sind sogenannte Inselbeete, umgeben von Rasen. Ich gestalte sie immer mit einem Rückgrat aus Bäumen und Sträuchern. Manchmal verläuft es ungefähr in der Beetmitte, manchmal ist es versetzt, um mehr Platz auf der einen oder anderen Seite zu lassen, damit die Sonnen- oder Schattenseite besser genutzt werden kann, wie ich es schon im Schatten-Kapitel erwähnte (siehe Seite 115). Habe ich eine breitere Sonnenseite und ein viel schmaleres Beet auf der Schattenseite, betrachte ich die schmale Seite als die „Minus"-Seite, die zwar zur einen oder anderen Jahreszeit etwas zu bieten hat, aber nicht das ganze Jahr über attraktiv ist. Man schlendert eher daran vorbei und hält nicht an, um einen Schatz nach dem anderen zu bewundern. Riesige Gruppen von Bergenien, Christrosen und Bodendeckern wie *Lamium* und *Geranium maculatum* halten den Boden unkrautfrei. Mitunter finde ich auch, dass es nicht ratsam ist, dass zwei gleichermaßen beeindruckende Rabatten einander gegenüberliegen, denn wir können nicht so viel auf einmal aufnehmen, von genießen ganz zu schweigen. Ich meine, eine ruhige, weniger interessante Bepflanzung kann manchmal ganz wesentlich zur Gestaltung beitragen.

Mehrere verschiedene Ehrenpreisgewächse finden sich am Rand dieses Gartenteils. Eine verständliche Verwirrung herrscht bei vielen Gärtnern bezüglich *Veronica* und *Parahebe*. *Veronica* sind im Allgemeinen Stauden, während die *Parahebe*-Arten kleine Halbsträucher sind. Beide bilden sehr ansprechende Horste und Polster als Beeteinfassung; ihre hübschen, grünen Blätter sind vollständig unter der Fülle kleiner, enzianblauer oder weißer Blüten begraben.

Die Fingerkräuter gedeihen gut in sonnigen Beeten, etwa *Potentilla* 'Miss Willmott' und *P. atrosanguinea* mit Blüten von einem Dunkelrot wie frische Blutstropfen. Eine gelbe Art mit einem orangefarbenen Auge und silbrigen erdbeerförmigen Blättern ist *Potentilla atrosanguinea* var. *argyrophylla*. Fackellilien (*Kniphofia*) pflanzen wir wegen ihrer interessanten Blütenkerzen im Spätsommer und Herbst.

Rechts: Beim Schwarzen Holunder (*Sambucus nigra* fo. *porphyrophylla*) 'Eva' und ebenso bei der Hecht-Rose (*Rosa glauca*) schätzen wir die dunkle Laubfarbe, die sich nur am vollsonnigen Standort optimal entwickelt. Der weiß blühende Rote Fingerhut (*Digitalis purpurea* fo. *albiflora*) zählte von Anfang an zu Beths Lieblingen; Sämlinge mit rosa Knospen werden unmittelbar entfernt, um den Strain zu erhalten.

Rechts unten: Warum *Eremurus* den Trivialnamen „Steppenkerze" trägt, verrät ein einziger Blick. Hier lässt die frühsommerliche Abendsonne die kupfrigen Blütenstände der Sorte *E.* 'Cleopatra' erglühen; umgeben sind sie von blühendem Quirl-Salbei (*Salvia verticillata*) 'Purple Rain', den kugeligen Samenständen von *Allium* 'Purple Rain' und silbrigem Woll-Ziest (*Stachys byzantina*).

Oben: Attraktive Samenstände verlängern die Saison der Schmucklilie. Während sich *Agapanthus* in Großbritannien gesittet verhält, gilt er in anderen Weltregionen als gefährliches Unkraut. Neue Arten sollten vor ihrer Einführung mit Fachkenntnis überprüft werden.

SONNEN- UND SCHATTENBEETE

Ich pflanze gern eine Mischung sommer- und immergrüner Gehölze, sodass es auch im Winter immer etwas zu sehen gibt. Ausschließlich laubabwerfende Gehölze geben dem Garten keine Form; ist er andererseits nur mit Immergrünen bepflanzt, so wirkt er schwer und unruhig. Gelblaubige Sträucher haben eine wichtige aufhellende Funktion zwischen dunkellaubigen, während der Halbschatten der hohen Bäume verhindert, dass das empfindlichere gelbe Laub verbrennt.

Der zierliche, nicht unbedingt winterharte Bibernell-Wasserfenchel (*Oenanthe pimpinelloides*) schmückt sich im Sommer mit Dolden winziger weißer Blüten. Bei uns darf er sich zwischen *Nepeta* × *faassenii* 'Purrsian Blue' versamen. Diese kompaktere Sorte der Blauen Katzenminze ist ideal für den kleineren Garten.

Auf der Sonnenseite eines Inselbeetes steht *Onosma alborosea*, eine an sonnige Bedingungen angepasste Pflanze. Ihre Blätter sind durch ein borstiges Haarkleid geschützt. Außerhalb der Blütezeit schmückt sie mit ihren grauen Blattrosetten oder bietet den Rahmen für eine benachbarte blühende Pflanze. Ihre Blüten erscheinen im Frühling aus jeder Rosettenmitte. Eng gerollte, krummstabförmige, korallenrosa gefärbte Knospen öffnen sich zu weißen Röhrenblüten. Es sieht sogar noch besser aus, wenn sich die Pflanze wie ein Tuch über eine niedrige Mauer- oder Felskante drapiert.

Haplopappus coronopifolius bildet Kissen aus tief gesägtem, immergrünem Laub und bringt vom Hochsommer bis Dezember fortwährend leuchtend orangefarbene Korbblüten hervor. Die leuchtend grünen Blätter sind zu den nahestehenden graulaubigen Sonnenröschen ein guter Kontrast. Zu viel graues Blattwerk ohne Unterbrechung kann sehr schal und langweilig wirken. Sonnenröschen gibt es in vielen Sorten: mit grünen, grauen oder panaschierten Blättern, mit ungefüllten oder gefüllten Blüten in zahlreichen Schattierungen von Weiß bis Karmesinrot und Cremefarben bis Orange. In sehr strengen Wintern können sie stark leiden, aber sogar in kalten Gärten oder auf schweren Böden lässt sich dieses Problem verringern, wenn man den Boden sorgfältig dräniert.

Bei einem winterlichen Rundgang durch den Garten beim Wasser genügt allein schon die dauerhafte Gestaltung mit abwechslungsreichem Blattwerk, um den Blick einzufangen. Dichte Büschel des schmalen, orange verfärbten Laubs von *Libertia ixioides* harmonieren angenehm mit dem sich ausbreitenden Teppich aus goldblättrigem Thymian. Doch auch wenn ich ständig Pflanzen in die Erde bringe, gelingen mir längst nicht immer auf Anhieb Kombinationen, die mir gefallen.

Das Jahr beginnt mit Schwaden entzückender Schneeglöckchen (*Galanthus caucasicus*). Rasch folgen kleinblütige Narzissen, darunter die Wildarten *Narcissus minor*, *N. pallida* und die Hybride *N.* 'W. P. Milner'. Im zeitigen Frühjahr erscheinen die schimmernden Blattschöpfe von *Colchicum speciosum*, die im Herbst purpurne becherförmige Blüten hervorbringen, sowie Horste von *Iris foetidissima*. Es folgt eine Fülle von Fritillarien.

Im Herbst und Winter setzt das ausgeblichene Gartensandrohr (*Calamagrostis × acutiflora*) 'Karl Foerster' unübertroffene vertikale Akzente. Ohne jede Unterstützung steht es unlädiert und straff aufrecht bis zum Rückschnitt im zeitigen Frühjahr da. Perfekt dazu sind die auffälligen Samenstände des Russel-Brandkrauts (*Phlomis russeliana*).

„Zu viel graues Blattwerk ohne Unterbrechung kann sehr schal und langweilig wirken. Sonnenröschen gibt es in vielen Sorten: mit grünen, grauen oder panaschierten Blättern, mit ungefüllten oder gefüllten Blüten in zahlreichen Schattierungen von Weiß bis Karmesinrot und Cremefarben bis Orange."

Diese fremdartigen, attraktiven Zwiebelpflanzen kommen in vielen Arten und an den unterschiedlichsten Standorten der gemäßigten Zonen rings um den Globus vor. Zu den bekanntesten gehören die große Kaiserkrone *Fritillaria imperialis* und die heimische Schachbrettblume *F. meleagris*.

Ebenfalls wachsen hier Gruppen von *Anemone blanda* 'Bridesmaid', deren reinweiße Blüten wie nicht getaute Schneeflecken aus den kahlen, kalten Vorfrühlingsbeeten hervorleuchten. Kleinere Stauden verwende ich, um Beete einzufassen, darunter *Geranium tuberosum*, eine im Frühsommer blühende Pflanze mit einer luftigen Vielzahl winziger, rosaweißer Blüten auf 30 cm hohen Stängeln.

Die Witwenblume *Knautia macedonica*, Quirl-Salbei (*Salvia verticillata*) 'Purple Rain' und Storchschnabel (*Geranium*) 'Orion' schneiden wir direkt nach der Blüte gründlich zurück, damit sie kräftig durchtreiben und erneut blühen. Dasselbe tun wir mit unseren Katzenminzen (*Nepeta*), Lungenkraut (*Pulmonaria*), dem Weichen Frauenmantel (*Alchemilla mollis*) und mehreren weiteren Stauden an anderen Stellen.

DER NEUE GARTEN AM WASSERSPEICHER

Als Beth vor dreißig Jahren ihre Texte zu *The Green Tapestry* verfasste, war ihr bewusst, dass sich die Pflanzungen in diesem Bereich erst noch richtig entwickeln mussten. Sie kommentierte dies so: „Dieser Gartenteil erinnert mich an einen Teenager – großes Potenzial, fehlende Reife. Momentan vermisse ich hier noch einen eigenen Charakter."

Dieser Gartenbereich liegt an einem sanften, nach Süden gerichteten Hang oberhalb des Wasserspeichers; er verbindet den Wassergarten mit seinen feuchtigkeitsliebenden Pflanzen mit dem Waldgarten. Wie Beth im ersten Teil des Kapitels beschreibt, versuchte sie bereits in den 1970er-Jahren, den stark durchlässigen Boden mit Ton aus dem Teich zu verbessern. Leider wurde dieses Material nie mit der erforderlichen Gründlichkeit eingearbeitet, sodass größere Flächen nun von einer dicken Lage schweren Tons bedeckt waren, der den Winter über nass und klebrig blieb und im Sommer betonhart austrocknete.

Viele der Stauden aus Beths ursprünglichem Pflanzplan hatten mit dem schwierigen Boden zu kämpfen; eine nach der anderen schwand dahin. Der angestrebte Webteppich gelang nicht, und so füllten sich die Beete überwiegend mit sommer- und immergrünen Sträuchern und einigen wenigen Stauden und Gräsern. Nur zähe, wüchsige Bodendecker wie Bergenien und Pyrenäen-Storchschnabel (*Geranium endressii*) gediehen und breiteten sich unter dem Gesträuch zu Teppichen aus. Zwar war das Areal ganz nett anzusehen, aber es war mehr Durchgangsstrecke als ein Garten, der zum Verweilen einlud. Vierzig Jahre nach der Erstanlage musste der Bereich nun dringend renoviert werden. Die einzig vernünftige Vorgehensweise bestand darin, sämtliche Pflanzen zu entfernen und von vorn zu beginnen. Es war eine beängstigende Aufgabe, allein schon angesichts ihres Umfangs, und uns war klar, dass wir uns über nichts schnell hinwegsetzen durften – noch bevor wir uns an die Bodenverbesserung machen konnten, galt es reichlich Wurzelunkräuter auszulesen. Schlicht den Boden auszutauschen war nie eine Option, dem standen Beths Grundsätze entgegen, und die Kosten wären nie zu stemmen gewesen.

Euphorbia margalidiana blüht fast ununterbrochen. An dieser Stelle, flankiert von Wiesenraute (*Thalictrum*) und *Amsonia* 'Ernst Pagels', wächst die Wolfsmilch im Nu zu einer riesigen Kuppelform heran. Die Amsonie dagegen steht im Ruf, schwer Fuß zu fassen; die Auslese 'Ernst Pagels' belohnt die Geduldigen jedoch im Sommer mit hellblauen Blütensternen und einer ausgezeichneten Herbstfärbung.

Im Spätfrühling, über einen Zeitraum von mehreren Wochen, sind die kahlen Äste des Judasbaums von rosaroten Schmetterlingsblüten überzogen. Vergissmeinnicht sind darunter großartige Lückenfüller, doch man muss darauf achten, dass sie neu treibende Stauden – besonders die empfindlicheren Arten – nicht erdrücken.

Die Gartenneuanlage am Wasserspeicher

Wir begannen im Herbst 2015. Zunächst nahmen wir die nahezu vierzigjährige Bepflanzung heraus. Einige wenige prominente Gewächse beließen wir in Schlüsselpositionen, damit die Neuanlage nicht bei Null anfangen musste. Ein schöner Gewöhnlicher Judasbaum (*Cercis siliquastrum*) bildet nun im unteren Bereich den Mittelpunkt, und vom Neuseelandflachs (*Phormium tenax*) beeindrucken zwei dramatische Exemplare mit ihrem schwertförmigen Laub. Als der etwa tausend Quadratmeter große Bereich abgeräumt war, wurde er sorgfältig von Hand umgegraben; dabei wurden Wurzelreste, unerwünschte Zwiebeln und Wurzelunkräuter ausgelesen.

Wir wussten, dass wir reichlich organische Materie unterarbeiten mussten, um den schweren Ton aufzubrechen. Guter Stallmist ist heutzutage schwer zu bekommen; wir entschieden uns daher für Champignon-Kompost, mit dem Vorteil, dass dieser unkrautfrei ist. Davon wurden insgesamt 150 Tonnen verteilt und untergepflügt. Damit der Boden den Sommer über nicht offenlag, säten wir einen Gründünger. Der raschwüchsige Bienenfreund (*Phacelia tanacetifolia*) blüht bereits sechs bis acht Wochen nach Ansaat und produziert reichlich Pollen und Nektar für Bienen und Schwebfliegen. Gräbt man die Pflanzen grün unter, noch bevor sie Saat ansetzen (außer man hat nichts gegen Sämlinge einzuwenden), verbessern sie die Bodenstruktur und -fruchtbarkeit gleichermaßen.

Bisher befanden sich hier drei Inselbeete mit breiten, geschwungenen Rasenwegen dazwischen. Dieses Layout wurde überarbeitet: Wir behielten zwar einen breiten Weg bei, der die Pflegearbeiten erleichtert, doch wir ergänzten ihn um etliche schmale Pfade, die sich durch die Beete schlängeln und die Neugierigen bis direkt zu den Pflanzen führen. Anstatt auf Rasen geht man nun auf einer strapazierfähigen, durchlässigen Oberfläche aus wassergebundenem Belag.

Wenn wir Rabatten überarbeiten, ist dies immer ein organischer Prozess. Wir arbeiten genauso, wie Beth es tat: ohne detaillierte Designvorlage auf Papier, dafür mit einer generellen Vorstellung und einer Liste geeigneter Pflanzen. An Farben findet sich in diesem Gartenteil ein sanfter Mix aus Gelb-,

Blau-, Malven- und Rosatönen; das Hauptgewicht jedoch liegt – genau wie bei Beth – auf Kontrasten in Statur, Textur und Wuchsform sowie auf subtil variierten Laubfarben.

Dadurch, dass wir völlig neu begannen, konnten wir unsere altbekannten, verlässlichen Favoriten mit Neuzugängen kombinieren, von denen viele auf dem feuchten Boden des Wassergartens Probleme hätten und im durchlässigen Kiesgarten vertrocknen würden. Genau wie ein Restaurantkoch neue Rezepte testet, bevor er sie auf die Karte setzt, hat es sich für uns als sinnvoll erwiesen, neue Pflanzen einer Bewährungsprobe zu unterziehen, bevor wir sie in der Gärtnerei vermehren: Die Katzenminze (*Nepeta*) 'Blue Dragon' – aufrecht, standfest und mit großen violettblauen Blüten – breitet sich hier massiv aus

Die Renovierung dieses Bereichs begann im Herbst 2015 mit dem Abräumen der ursprünglichen Bepflanzung.

Mehrere Leitpflanzen blieben erhalten. Der schöne Judasbaum (*Cercis siliquastrum*) steht nun am unteren Ende der Neugestaltung im Mittelpunkt.

Nach dem Abräumen wurde der gesamte Bereich mit der Grabegabel durchgearbeitet, um Wurzelstücke, unerwünschte Zwiebeln und Wurzelunkräuter auszulesen. Danach wurde zur Bodenverbesserung reichlich organische Materie eingearbeitet, sodass wir dort nun eine breitere Palette an Pflanzen ziehen können.

und muss alljährlich reduziert werden. *Verbena macdougalii* 'Lavender Spires', ein wunderbares steriles Eisenkraut, das sich gut verzweigt und über einen langen Zeitraum kräftig lavendelfarben blüht, scheint relativ schweren Boden besser zu tolerieren als *V. bonariensis*. *Amsonia* 'Ernst Pagels' hat nur langsam Fuß gefasst, beeindruckt jedoch inzwischen neben der Schwertlilie (*Iris*) 'Benton Menace' (einer von zahlreichen Cedric-Morris-Züchtungen in unserem Garten). Etwas weiter blüht ab April eine imposante *Euphorbia margalidiana*, während genau die gleiche Pflanze, direkt gegenüber am Weg, nur halb so groß wird – womöglich leidet diese aufgrund kalter Luftströmungen. Die Duftnessel (*Agastache*) 'Blue Boa' erscheint uns zäher und langlebiger als andere Sorten, die wir gezogen haben; sie ist perfekt zu Scheinsonnenhut (*Echinacea*), Flachblättrigem Mannstreu (*Eryngium planum*) 'Blaukappe' und der Großen Bibernelle (*Pimpinella major*) 'Rosea', mit denen sie sich entlang des Hauptwegs mischt. Prärielilien (*Camassia*), Zierlauch und die Blütenstände der Steppenkerze (*Eremurus*) entfachen in der Rabatte im Frühsommer Drama, während Ziergräser für Dynamik sorgen und bis spät in der Sai-

Mit ihren eleganten Blütenständen setzt die Steppenkerze (*Eremurus*) 'White Beauty Favourite' einen unübersehbaren vertikalen Akzent, der Drama in jede Rabatte trägt. Eine schöne Ergänzung sind hier die weißen Blütenkugeln von *Allium stipitatum* 'Mount Everest'. Zwischen ihnen treiben schon jetzt Stauden; ihr Grün wird die Lücken füllen, wenn das Laub der beiden vergänglichen Blüher unansehnlich wird und einzieht.

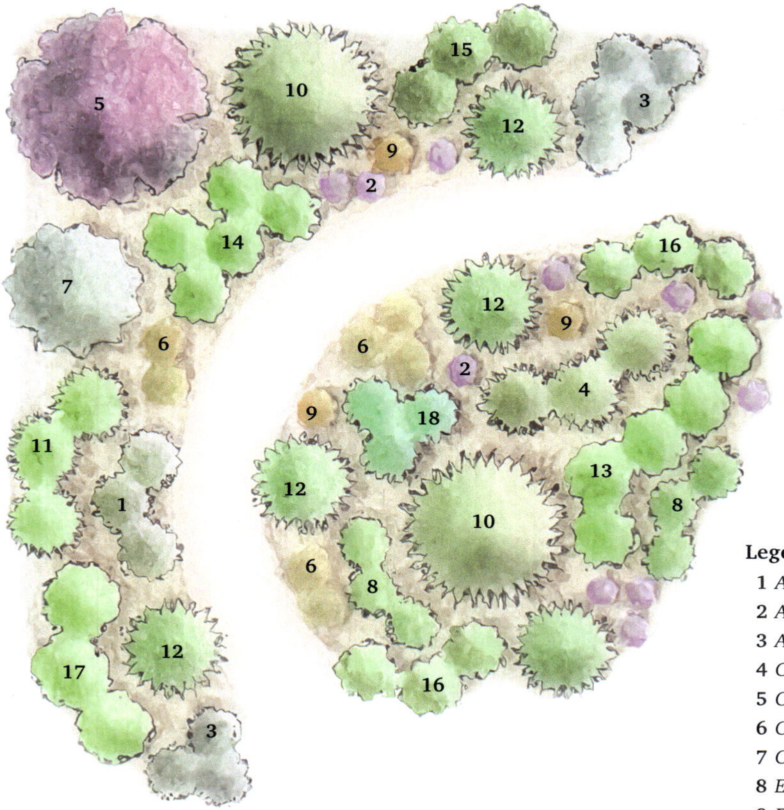

Pflanzplan für verbesserten Boden an vollsonnigem Standort
In diesem Gartenteil befinden sich mehrere Beete unterschiedlicher Größe, die von Pfaden durchzogen sind. Die Bepflanzung ist ausreichend für eine geschwungene Rabatte und ein Inselbeet auf einer Fläche von etwa 4,50 × 5 Metern.

Legende

1 *Achillea* (3 ×)
2 *Allium* 'Purple Rain' (11 ×)
3 *Anaphalis* (8 ×)
4 *Calamagrostis* (3 ×)
5 *Cotinus coggygria* (1 ×)
6 *Crocosmia* (7 ×)
7 *Cynara cardunculus* (1 ×)
8 *Eryngium* (6 ×)
9 *Fritillaria imperialis* (3 ×)
10 *Miscanthus* (2 ×)
11 *Panicum* (3 ×)
12 *Pennisetum alopecuroides* 'Black Beauty' (4 ×)
13 *Phlomis russeliana* (5 ×)
14 *Phlox paniculata* (5 ×)
15 *Pimpinella major* 'Rosea' (3 ×)
16 *Salvia nemorosa/S. × sylvestris* (6 ×)
17 *Sanguisorba* (3 ×)
18 *Thalictrum* (3 ×)

son schmücken. Das elegante, hohe Argentinische Federgras (*Stipa pseudoichu*) steht am besten frei, damit seine weit überhängenden, silbrigen Blütenstände optimal zur Geltung kommen. Das Silber-Chinaschilf (*Miscanthus sinensis*) 'Dronning Ingrid', schon lange einer unserer Favoriten, blüht zeitiger als viele andere Sorten und ist im Winter ein wertvoller Strukturgeber.

Zwei heiße, trockene Sommer in jüngster Vergangenheit, mit Temperaturen teils über dreißig Grad und langen Trockenperioden (im Sommer 2018 fiel fünfzig Tage lang kein einziger Regentropfen), lassen uns bereits einige Pflanzentscheidungen überdenken. Die Bepflanzung wird sich auf jeden Fall über die Jahre hinweg weiter entwickeln.

Pflegemaßnahmen

Wir verwenden hier Mulch aus Grünabfällen, um einjährige Unkräuter zu unterdrücken und den Boden feucht zu halten; außerdem verteilen wir Herbstlaub direkt in den Beeten, wobei wir manche Pflanzen aussparen – Schwertlilien-Rhizome beispielsweise wollen direkt an der Oberfläche sitzen und die Sonne spüren.

Samenstände belassen wir im Winter, bis sie ihre Attraktivität verlieren. Dass wir hier nicht allzu viele frühe Zwiebelblüher gesetzt haben, hat unter anderem den Vorteil, dass wir die Stauden relativ lange stehen lassen können, bevor wir sie her-

Während viele Stauden im Herbst einziehen, bleiben Ziergräser wie das Silber-Chinaschilf (*Miscanthus sinensis*) sowie etliche attraktive Samenstände den Winter über erhalten; sie bringen gedämpfte Farben ein und schmücken den Garten mit Formkontrasten. In milden Phasen schieben hier manche Stauden – vor allem jene im Schutz des Judasbaums (auf Seite 144 im Sommer zu sehen) – weiterhin Blütenknospen.

abschneiden; in anderen Gartenteilen muss dies bis Weihnachten geschehen sein, damit wir nicht die Triebspitzen der Zwiebeln zertrampeln.

Das „Redigieren" der Rabatten ist ein fortwährender Prozess. Pflanzen dürfen sich gern versamen, allerdings kontrolliert, damit sie sich nicht zum Problem entwickeln. Der Einjährige Feinstrahl (*Erigeron annuus*) bringt zahllose hübsche, kleine Asternblüten hervor, kann aber im Nu empfindlichere Nachbarn erdrücken – besonders solche, die erst spät austreiben. Angesichts der Kombination aus guter Nährstoffversorgung und offenem Boden (es gibt noch viele Lücken) verbringen wir reichlich Zeit damit, Sämlinge zu ziehen. Die hellgelbe Tauben-Skabiose (*Scabiosa columbaria* var. *ochroleuca*) produzierte in ihrem ersten Standjahr eine erstaunliche Zahl an Nachkommen. Da unsere Gärtnerei für die Gewinnung von Saat und Stecklingen auf den Garten angewiesen ist, müssen wir darauf achten, dass Auslesen nicht durch abweichende Sämlinge verwässert werden. Der Quirl-Salbei (*Salvia verticillata*) 'Purple Rain' und die deutlich hellere Sorte *S. v.* 'Hannay's Blue', die nur einen Meter voneinander entfernt stehen, dürfen nicht ineinanderwachsen, damit wir nicht von der falschen Pflanze Stecklinge nehmen.

Der neue Garten am Wasserspeicher wurde offiziell am 27. Juni 2017 eröffnet, zu Beths 94. Geburtstag. Nachdem mich das Projekt zwei Jahre beschäftigt hatte und ich während dieser Zeit die Stadien des Fortschritts immer wieder mit Beth durchgesprochen hatte, war ich glücklich, diesen Moment mit ihr zusammen genießen zu können. Ich bin mehr als froh, dass sie das Ergebnis erleben durfte und es guthieß.

Folgende Doppelseite: Der erste Raureif des Jahres überzieht den neuen Garten am Wasserspeicher. Viele der Pflanzen wurzelten nach der Frühjahrspflanzung in dem gründlich aufgearbeiteten Boden im Nu ein. Große Horste des Japanischen Federborstengrases (*Pennisetum alopecuroides*) 'Black Beauty' fügen sich zwischen diverse Samenstände und Bodendeckerpflanzen entlang der geschlängelten Pfade, auf denen man die Bepflanzung aus nächster Nähe betrachten kann. Während das *Pennisetum* im ersten Jahr gut Fuß zu fassen schien und herrlich aussah, hatte es in den folgenden Sommern zu kämpfen – womöglich müssen wir eine Alternative finden, die mit Trockenheit besser zurechtkommt.

DER WALDGARTEN

Seit Beth Chatto „The Green Tapestry" verfasste, wurde jenseits des Gartens am Wasserspeicher ein etwa hektargroßes, bis dahin wildes Waldstück in einen Waldgarten verwandelt. David Ward beschreibt im Folgenden die Planung und Umsetzung.

Auslöser für die Entstehung von Beths Waldgarten war der Orkan, der in der Nacht vom 15. auf den 16. Oktober 1987 im Südwesten Englands wütete. Interessanterweise findet *Der Schwere Sturm*, wie er allgemein genannt wird, in *The Green Tapestry* so gut wie keine Erwähnung. Beth und Andrew Chatto hatten sich ursprünglich geeinigt, das Waldstück – Badger's Wood, auch wenn die namengebenden Dachse längst verschwunden waren – nicht anzurühren, um es als Rückzugsort für heimische Flora und Fauna zu bewahren. Erst gut zwei Jahre nach dem Sturm fühlte Beth sich in der Lage, die Gelegenheit zu ergreifen, die sich ihr hier nun präsentierte. Dazu trug auch der Waldgarten von Castle Howard in Yorkshire bei, dem Beth und Andrew im Jahr nach dem Orkan einen Besuch abstatteten: Endlich gab Andrew ihrer schon lange währenden Sehnsucht nach einem Garten im lichten Schatten des Eichenwaldes nach.

Im Herbst 1989 begannen die Arbeiten. Beth wählte die Bäume aus, die bleiben sollten – überwiegend Eichen, dazu einige Eschen und Birken –, alles andere wurde gefällt. Nachdem die Beete und der Wegeverlauf in etwa festlagen, war es an der

Der frische Frühjahrstrieb des vielgestaltigen Staudenteppichs lässt die frisch-feuchten Bodenverhältnisse erkennen, die sich dem kaum sichtbaren seichten Graben verdanken. An Funkienlaub erinnert das gefältelte Blattwerk des Kalifornischen Germers (*Veratrum californicum*); es steht in perfektem Kontrast zur Goldsegge (*Carex elata*) 'Aurea'. Das lichte Blau der Vergissmeinnicht, die sich hier gern versamen dürfen, bringt vorübergehend einen weiteren Farbton in die überwiegend grün-gelbe Palette. Weiter hinten lenkt ein Zimt-Ahorn (*Acer griseum*) den Blick in die Höhe.

Zeit, sich dem trockenen Sandboden zu widmen. Rohrleitungen wurden geplant, denn in Anbetracht des Kronendachs und der grundsätzlich geringen Niederschläge war eine Bewässerung unverzichtbar. Schließlich wurde der Boden mit Kompost und abgelagertem Stallmist auf die Frühjahrspflanzung vorbereitet.

DIE BEPFLANZUNG

Die Fläche, die es zu bestücken galt, war enorm. In unserer Gärtnerei waren bereits viele Arten und Sorten vorgemerkt, aber zunächst mussten wir unter den hohen Eichen eine Strauchschicht einziehen, um den austrocknenden Wind abzuhalten und ein Mikroklima zu schaffen, in dem Waldstauden gedeihen konnten. Wir statteten dem Savill Garden im Schlosspark von Windsor einen Besuch ab; der damalige Kustos John Bond führte uns umher und gab Beth etliche Ideen. Auf der Rückfahrt war unser Van voller ungewöhnlicher, interessanter Sträucher, die Beths bereits bestehende Auswahl ergänzten.

Während der Vorarbeiten wurde deutlich, mit welcher Macht der vorherrschende Südwestwind über die umliegenden Ackerhänge fegte und durch unser Waldstück pfiff; dazu trug bei, dass die benachbarten Apfelplantagen, die früher den Wind abgehalten hatten, inzwischen nicht mehr existierten. Rasch setzte Beth einen neuen Windschutz aus unverwüstlichen Immergrünen, darunter Cotoneaster, Stechpalmen, Lorbeerkirschen und Bambus sowie Pontischer Rhododendron (*Rhododendron ponticum*), dem sie nur schwer widerstehen konnte.

Wie immer arbeitete Beth auch hier ohne Pflanzplan auf Papier. Ein Rückgrat aus immergrünen und laubabwerfenden Sträuchern zieht sich durch jede Beetmitte und spendet den harmonisch aufeinander abgestimmten Stauden, Farnen und Gräsern Schutz und Schatten. Die Kombinationen hatte Beth teils im Kopf, teils notierte sie sie auf einem Stück Pappe. (So sehr wir früher diese Aufgabenlisten fürchteten, so sehr freuen wir uns heute, wenn uns eine dieser Papplisten in die Hand fällt.) Unter den wertvollen Immergrünen, die teils aus Savill Garden stammten, waren mehrere *Viburnum*-Auslesen, bunt-

Ein schön gewachsener Fächer-Ahorn (*Acer palmatum*) 'Sango-kaku' trägt Helligkeit ins Untergeschoss des Waldgartens. Auch etliche Stauden zeichnen sich durch attraktive Herbstfarben aus; zu den besten zählt das Garten-Salomonssiegel (*Polygonatum × hybridum*).

blättrige Stechpalmen, Mahonien, Lavendelheide (*Pieris*) und Skimmien; vor allem Letztere hatte Beth bereits viel in anderen schattigen Gartenbereichen eingesetzt, da sie die unkomplizierten immergrünen Sträucher mit der breiten Gestalt sehr schätzte. Die Blüten der zart duftenden *Skimmia* × *confusa* 'Kew Green' hatten es ihr als Zutat für ihre winterlichen Vasenarrangements besonders angetan. Der winterliche Duft von zwei kaum meterhohen Arten der Fleischbeere, *Sarcococca hookeriana* var. *digyna* und *S. confusa*, ist ebenfalls aus mehreren Metern Entfernung wahrzunehmen.

Ein einfacher, von knoblauchduftendem Bärlauch (*Allium ursinum*) umgebener Plankensitz lädt zu einer Ruhepause ein. Die gern in der Küche genutzte heimische Pflanze siedelte schon immer in diesem Wald.

Rechts: Auf dem feuchten Grund beim seichten Graben gedeihen Mammutblatt *Gunnera tinctoria* und Europäischer Straußenfarn (*Matteuccia struthiopteris*) aufs Prächtigste. Im übrigen Wald ist es für beide viel zu trocken.

Um nicht zu viel zusätzlichen Schatten zu schaffen oder die Sicht zu sehr zu verstellen, setzten wir die Immergrünen sparsam ein und ergänzten sie mit laubabwerfenden Sträuchern. Die Kornelkirsche (*Cornus mas*) ist im Februar unübersehbar, wenn das attraktive Gewirr ihrer blattlosen Zweige dicht an dicht mit winzigen hellgelben Blütenbüscheln besetzt ist; besonders charmant ist sie in Kombination mit Schneeglöckchen. Im April öffnet die Kupfer-Felsenbirne (*Amelanchier lamarckii*) ihre Kirschblüten zeitgleich mit dem kupferroten jungen Laubaustrieb und zieht eine Woche lang alle Blicke auf sich; danach rückt sie in den Hintergrund, bis sie im Herbst ihr Flammenkleid anlegt. Die sommergrüne Blut-Johannisbeere hat Beth immer gern verwendet; sie pflegte Sträußchen der noch kahlen, mit Blütenknospen besetzten Zweige ins Haus zu bringen, wo sie in der Wärme erblühten. Im Mai schließlich präsentiert sich die Deutzie im Blütenkleid – ein später Höhepunkt, bevor der Waldgarten in Sommerruhe verfällt.

Beths Begeisterung für den Waldgarten rührte aus ihrer Liebe zu den Pflanzen: Sie wollte so viele verschiedene wie möglich ziehen. Zwar sorgen auch die hohen Eichen im übrigen Garten für Schattenbereiche, doch sind die Möglichkeiten dort angesichts der oft schmalen Rabatten begrenzt. Hier aber, auf nahezu zehntausend Quadratmetern unerschlossenen Bodens, konnte Beth von großen Zwiebelblumen- und Staudenflächen träumen, die über einen langen Zeitraum faszinieren.

„Am Waldboden, unter dem Dach aus just geschlüpftem, noch hell gelbgrünem Eichenlaub, wimmelt vielfältiges, vielförmiges Leben …"

DER JAHRESVERLAUF

Im Waldgarten beginnt das Jahr mit eifrigem Treiben und Blühen, solange noch Licht zum Boden durchdringt. Denken Sie an unsere britischen Wälder im Frühjahr: Hasenglöckchen, Buschwindröschen, Scharbockskraut und viele andere Stauden nutzen das Sonnenlicht und die Bodenfeuchtigkeit, bevor sich das Blätterdach schließt. Danach dominiert Blattschmuck, wie wir ihn von Farnen, Gräsern, Funkien und Purpurglöckchen kennen, um nur einige zu nennen.

Schneeglöckchen läuten im Waldgarten das Jahr ein, denn wir haben eine beträchtliche Sammlung aufgebaut, die spätestens im Januar zu blühen beginnt; dank ständigen Teilens und Umpflanzens „im vollen Laub" besitzen wir inzwischen viele eindrucksvolle Gruppen. Für eine flächendeckende Blüte wa-

Rechts: Der Kalifornische Germer (*Veratrum californicum*), eine Feuchtwiesenpflanze aus Nordamerika, dominiert mit seinen lockeren Blütentürmen die sommerliche Bühne. Der quellgespeiste Graben liegt unter hohem Laub verborgen; er hält den Boden feucht genug für üppige Blattschmuckstauden, darunter Funkien, Farne und Gräser, die anderswo im Waldgarten einen schwierigen Stand hätten.

Unten: Das Großblütige Schneeglöckchen (*Galanthus elwesii*) 'Mrs Macnamara' zeigt sich als eines der ersten seiner Gattung: Im Januar beginnt die Blüte.

ren uns gute „Leistungsträger" wichtig; seltenere Formen dürfen auch weniger auffällig sein. Das Großblütige Schneeglöckchen (*Galanthus elwesii*) 'Mrs Macnamara' erstrahlt in hellstem Weiß, wenn es Anfang Januar in voller Blüte steht – vielleicht unterstützt die dunkle Jahreszeit diesen Eindruck. Es folgen Wogen von *G.* 'James Backhouse', einer Sorte, die bei genauerem Hinsehen das eine oder andere verwachsene Blütenblatt aufweist. Ebenfalls im Januar halten wir nach den ersten hah-

nenfußgelben Winterlingen Ausschau. Beth entdeckte sie oft als Erste – in milden Wintern im Januar, in kalten später. Die Winterlinge haben lange gebraucht, sich zu etablieren; inzwischen versamen sie sich reichlich.

Die *Galanthus*-Hauptblüte liegt bei uns im Februar. Wann immer jemand Beth nach ihrem liebsten Schneeglöckchen fragte, lautete ihre Antwort: „Wie soll ich mich für eines entscheiden? Man fragt ja auch niemanden, welches seiner Kinder er am meisten liebt.“ Und doch ließ sie sich immer hinreißen, ein paar Stiele zu pflücken, beispielsweise von *Galanthus* ‘Hippolyta’, der ebenmäßigsten unserer gefüllten Formen, mit wunderbar grün gezeichneten Petticoats.

Mehrere Schneeglöckchen waren unter den Pflanzen, die Beth über die Jahre von Sir Cedric Morris erhielt; sie waren überwiegend vom *Galanthus elwesii*-Typ, erkennbar am relativ breiten graugrünen Laub. Eine auffällige Form, die sich besonders willig vermehrte, benannten wir schließlich *G. elwesii* ‘Cedric’s Prolific’ – ein sehr wertvolles Schneeglöckchen für die Mitte der Saison. Ein anderes Schneeglöckchen, womöglich auch von Cedric Morris, ist eine Form von *Galanthus plicatus*. Wir benannten es schließlich nach Beth, aber leider hat sich der Zuchtbestand unkontrolliert versamt oder gekreuzt, sodass die Gruppen nun unterschiedliche Zwiebeln enthalten.

Unten: Der Graben bleibt bis weit in den Sommer relativ feucht, nur der höhere vordere Randbereich kann dann schon austrocknen. Hier – wie auch an anderen Plätzen im Wald – kommen unempfindlichere Bodendecker wie der Pyrenäen-Storchschnabel (*Geranium endressii*) und das Kleine Tränende Herz (*Dicentra formosa*) zum Zug.

Die ursprüngliche Form trägt große ballonförmige Blüten; sie treibt zwei Stiele pro Zwiebel und blüht außerdem bis in den März hinein.

Auf die Schneeglöckchen folgen im März die Narzissen, wobei sich die ersten Blüten einer besonderen kleinen Art bereits um Weihnachten zeigen. Diese, die Kleine Narzisse (*Narcissus minor*) 'Cedric Morris', fand der mit Cedric befreundete Basil Leng am Naturstandort in Spanien; so gelangte sie auch zu Beth. Diese perfekte Miniaturnarzisse lässt sich nicht vom Winter schrecken und blüht erstaunlich lange: bis zum Februar. Alljährlich vierteln oder achteln wir diese Zwiebeln, um sie so rasch wie möglich zu vermehren (eine als „Chipping" bezeichnete Technik). Die verlässliche *N.* 'February Gold' steht Anfang März bereits in voller Blüte; später folgen weiße Sorten wie *N.* 'Jenny' und *N.* 'Thalia'.

„Neigt sich der März dem Ende zu, vergehen die frühen gelben Narzissen, einschließlich der kleinen Narcissus minor. Nun tauchen die ersten Primeln auf. Es gibt wohl kaum eine Blume, die – am Naturstandort entdeckt – mehr ans Herz greift."

Oben: *Narcissus* 'February Gold' hält selten, was ihr Name vollmundig verkündet, stattdessen bereitet der Monat März dieser Sorte die Bühne. Mit der zurückgeschlagenen Hauptkrone wirkt sie naturhafter als die klassischen Formen. Der Wald bietet Fasanen und allerlei anderen Wildtieren Schutz.

Helleboren zählten schon immer zu Beths Lieblingsstauden; sie las viele Formen von *Helleborus × hybridus* aus, sei es aus den Vermehrungsbeeten oder unter dem, was wir für die Gärtnereitische zukauften. Wenn die letzten Schneeglöckchen verblühen, stehen diese Lenzrosen bereits in voller Pracht, mit wadenhohen Blütenstängeln voller Knospen und Blüten, gesäumt von grünen Hochblättern. Beth wusste die Raffinesse vieler neuer gefüllter Sorten zu schätzen, doch die einfachen Schalenblüten blieben ihr die liebsten.

Viele schattenliebende Pflanzen fühlen sich im Waldgarten natürlicherweise wohl; je weiter der Frühling voranschreitet, desto rascher treiben sie aus. Zwischen hellblauen Busch-Windröschen (*Anemone nemorosa*) 'Robinsoniana' steht Hundszahn in Grüppchen, darunter eine besonders schöne Form des Europäischen Hundszahns (*Erythronium dens-canis*) mit kräftig marmoriertem Laub und viel zu rasch vergehenden rosa Blüten mit zurückgeschlagenen Blütenblättern. Hier und dort verbirgt sich ein besonderer Schatz; einer davon ist ein dunkellaubiger Salomonssiegel. Beth hatte vor Jahren ein winziges Stück Wurzelstock von *Polygonatum × hybridum* 'Betberg' aus der Staudengärtnerei der Gräfin von Stein-Zeppelin mitgebracht – eine von vielen Kostbarkeiten, die sie auf ihren alljährlichen Pilgerfahrten dorthin entdeckte. Nach jahrelanger Vermehrung reichen unsere Pflanzen nun für den Verkauf.

Zieht der Sommer ins Land, wird das Blätterdach zunehmend dichter, und entsprechend wenig Sonne erreicht den Waldboden. Nun folgt der große Auftritt der Blattschmuckstauden mit ihrem ganz besonderen Beitrag zum Wechselspiel von Form und Struktur. Farne spielen zu jeder Jahreszeit eine wichtige Rolle, denn viele sind immergrün und werden lediglich im Frühjahr etwas ausgeputzt. Besonders dauerhaft ist der heimische Gemeine Wurmfarn (*Dryopteris filix-mas*). Er überlebt fast überall, sofern es nur schattig ist und nicht knochentrocken; nicht selten kann er es mit seiner üppigen Verwandtschaft aus anderen Weltregionen aufnehmen. Der Gebirgs-Wurmfarn (*Dryopteris wallichiana*) aus Asien und Südamerika treibt zwar spät, wirkt aber mit der nahezu schwarzen Mittelrippe geradezu umwerfend. Die weichen

Schildfarne verwenden wir häufig; unkompliziert sind sowohl der aufrechte Grannen-Schildfarn (*Polystichum setiferum* Divisilobum Grp.) 'Dahlem' als auch *P. s.* Divisilobum Grp. 'Herrenhausen' mit deutlich flacher gehaltenen Wedeln. Der Hirschzungenfarn (*Asplenium scolopendrium*) ist ein idealer immergrüner Kandidat für trockenen Schatten. Unübertroffen bleibt der Immergrüne Frauenhaarfarn (*Adiantum venustum*). Er ähnelt dem Frauenhaarfarn für die Fensterbank; gefällt ihm ein Standort, erobert er ihn nach und nach mit seinen zarten, überlappenden Wedeln, die hell bronzefarben austreiben, um giftgrün auszureifen und schließlich rostrot den Winter zu

Im Wald nimmt der Jahresreigen mit der Blüte der Krautschicht seinen Anfang, bevor sich das Blätterdach schließt und Sonne und Regen abhält. Viele Schneeglöckchen öffnen schon vor der Jahreswende einige Blüten, doch erst im Januar beginnt die eigentliche Show. *Galanthus* 'James Backhouse', ein Schneeglöckchen mit langen, oft verwachsenen Blütenblättern, ist eine der schönsten frühen Sorten, doch schon bald folgen viele weitere.

überdauern. Da fast alle Gräser Sonnenplätze bevorzugen, sind die wenigen schattentoleranten umso wertvoller. Besonders auffallend und zugleich unkompliziert ist das Wald-Flattergras (*Milium effusum*) 'Aureum'; im Frühjahr setzt es wunderbar lichte, hellgelbe Akzente. Leichter im Zaum zu halten ist das Hakone-Waldgras (*Hakonechloa macra*) 'Aureola' – mit golden und beige gestreiften Blattwedeln ein hervorragender Partner zu blaugrauen Funkien. Hoch aufrecht wachsen hier nur wenige Blühstauden, darunter der europäische Wald-Geißbart (*Aruncus dioicus*) und die Nördliche Dreiblattspiere (*Gillenia trifoliata*) aus Nordamerika.

Unter den vielen Bodendeckern, die der Waldboden beheimatet, tut sich besonders der Felsen-Storchschnabel (*Geranium macrorrhizum*) hervor. Sein apfelgrünes gespaltenes Laub bildet dichte Teppiche und nimmt im Herbst oft feuerrote und gelbe Töne an, doch manchmal bleibt es auch den ganzen Winter grün. Im April-Mai blüht er in kräftigem Rosarot, und selbst die „weiße" Form *G. m.* 'Album' zeigt sich zart rosig über-

Schmale Pfade ziehen sich durch den Wald. Die dichte, abwechslungsreiche immergrüne Bodendecke hat sich wie geplant entwickelt. Nur wenige Wochen zuvor beherrschten Schneeglöckchen und frühe Narzissen die Szene.

Viele Bäume sind von Kletterpflanzen berankt; diese Eiche am Waldrand hilft der wüchsigen Ramblerrose *Rosa* 'Paul's Himalayan Musk' ans Licht. Diese hüllt alle mit ihrem Duft ein, die auf der Bank unter der Blütenpracht Platz nehmen.

haucht. Die vor kurzem in den Handel gebrachte reinweiße Form *G. m.* 'Glacier' erscheint vielversprechend, wenn auch vielleicht weniger wüchsig. Dieser Storchschnabel lässt sich leicht unter Kontrolle halten, denn seine verholzenden Rhizome sind rasch wieder aufgenommen.

Typisch für alle Wälder des Globus sind Kletterpflanzen, die an den Baumstämmen hinauf nach dem Licht streben; vielen Bäumen in unserem Waldgarten setzten wir alsbald einen solchen Partner zur Seite. Nach zögerlichem Beginn haben sich mehrere Kletter-Hortensien (*Hydrangea anomala* subsp. *petiolaris*) auf den Weg nach oben gemacht; hoch im Geäst zeigen sich nun ihre duftigen Blütenteller an sparrigen Zweigen. Jelängerjelieber blieb eine Enttäuschung; eine raschwüchsige Form der Berg-Waldrebe (*Clematis montana*) dagegen blüht ganz prächtig im Baumwipfel.

Der Garten ist durchweg zu trocken, um perfekte Rosen zu ziehen – schwererer Boden würde helfen, wie im Bereich des neuen Gartens beim Wasserspeicher. Und doch scheinen Ramblerrosen mit den hiesigen Bedingungen klarzukommen; inzwischen haben mehrere ihre Wirtsbäume erklommen. Beth

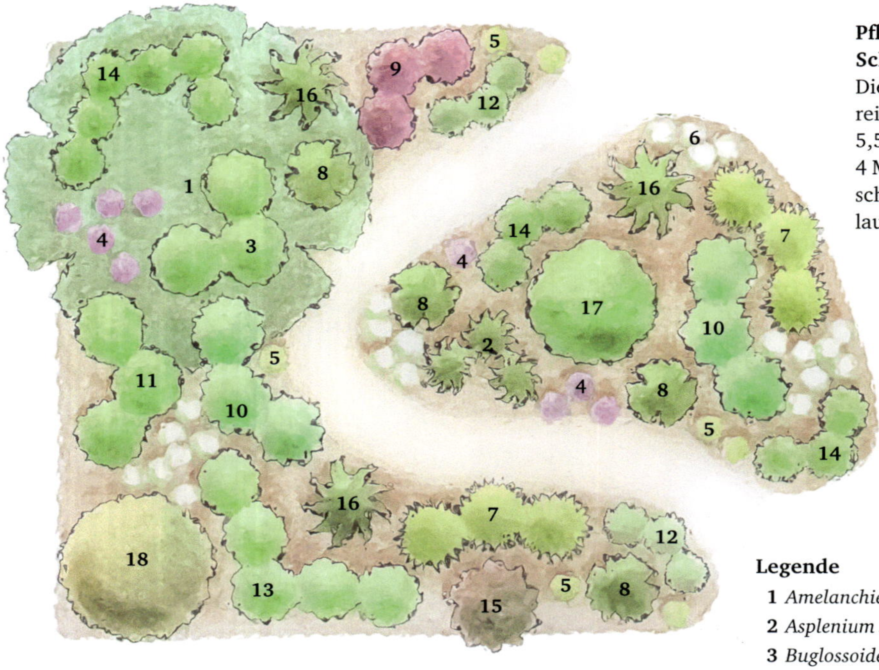

Pflanzplan für den Schatten
Die Bepflanzung ist ausreichend für eine etwa 5,50 Meter breite und 4 Meter tiefe, zunehmend schattige Fläche unter laubabwerfenden Bäumen.

Legende

1 *Amelanchier lamarckii* (1 ×)
2 *Asplenium scolopendrium* (3 ×)
3 *Buglossoides purpurocaerulea* (3 ×)
4 *Cyclamen* (9 ×)
5 *Eranthis* (7 ×)
6 *Galanthus* (flächig)
7 *Hakonechloa macra* 'Aureola' (6 ×)
8 *Helleborus* × *hybridus* (4 ×)
9 *Heuchera* (3 ×)
10 *Hosta* (6 ×)
11 *Kirengseshoma palmata* (3 ×)
12 *Lamium maculatum* (6 ×)
13 *Lamprocapnos spectabilis* (5 ×)
14 *Pachyphragma macrophyllum* (9 ×)
15 *Persicaria microcephala* 'Red Dragon' (1 ×)
16 *Polystichum setiferum* Acutilobum Grp. (3 ×)
17 *Skimmia japonica* (1 ×)
18 *Spiraea japonica* 'Goldflame' (1 ×)

wählte dafür Bäume an Stellen, wo die Rosen genügend Platz haben und das Licht sie in die Höhe lockt. Ein alter baumwollummantelter Telegrafendraht, der sich in einem Winkel fand, half ihnen, den Weg zu den untersten Ästen zu finden. Nun schwebt der Duft von *Rosa filipes* 'Kiftsgate', *R.* 'Bobbie James' und *R.* 'Paul's Himalayan Musk' in der lauen Sommerluft entlang der gewundenen Waldpfade.

Der Herbst beginnt im Waldgarten ruhig, mit rosafarbenen und weißen Herbst-Anemonen, die sich im lockeren Bodenmulch wohlfühlen. Kraftstrotzende Exemplare der Wachsglocke (*Kirengeshoma palmata*) erheben ihr ahornartiges Laub über Farnwedel und vergilbendes Funkienlaub; darüber baumeln ihre buttergelben Glockenblüten. Wenig später schieben sich die nackten Blütenkelche der Herbstzeitlosen (*Colchicum*) durch die Bodendecker und setzen kräftige Akzente in leuchtendem Pink, wo der Schatten sie nicht blass wirken lässt. Als letzte von diesen erblüht das wunderschöne *Colchicum speciosum* 'Album'; es lässt den Herbstwald auf die gleiche Art erstrahlen, wie es die Schneeglöckchen im Frühling tun.

Etliche Sträucher steuern Beeren und Herbstlaub bei. Am Waldrand stehen besondere Ebereschen, darunter die Rosafrüchtige Hupeh-Eberesche (*Sorbus pseudohupehensis*); ihr in manchen Jahren besonders schöner Beerenschmuck hält bis weit in den Winter hinein. Die weiße Beeren tragende *Sorbus glabriuscula* und Blutroter Hartriegel (*Cornus sanguinea*) 'Midwinter Fire' zu ihren Füßen ergänzen sich an sonnigen Wintertagen zu einem prachtvollen Bild. Verschiedene fruchtbehangene Pfaffenhütchen (*Euonymus*) erstrahlen ebenfalls in Herbstfarben. Die Kupfer-Felsenbirne (*Amelanchier lamarckii*) schwingt sich zu einem zweiten Höhenflug auf – auch diesmal kommt und geht die Pracht im Nu. Bis weit in den Winter hinein halten dagegen die Beerenbüschel der weiblichen Auslesen von *Skimmia japonica*.

UNTERHALT UND PFLEGE

Die Pflege des Waldgartens ist ein ständiger Lern- und Anpassungsprozess – das ist bei anderen Gartenteilen mit großen Bäumen und immer breiter werdenden Sträuchern nicht anders. Die Bäume kontrollieren wir regelmäßig; bei Bedarf greifen wir ein. Vor kurzem mussten zwei große Eschen weichen, die ständig Totholz abwarfen und insgesamt kränkelten. Danach war dieser Bereich wesentlich offener und sonniger, und ein, zwei Sträucher, die bis dahin nur lichten Schatten kannten, mussten sich sehr umstellen.

Schon bald fanden wir heraus, dass wir die Unmengen an Herbstlaub am besten liegen lassen, wo sie sich natürlich sammeln. Die Wege befreien wir mit dem Laubbläser, und auf den empfindlicheren, kleineren Stauden im vorderen Beetbereich belassen wir nur eine dünne Laubschicht. Die Wege und Pfade im Waldgarten sind ständigem Fußverkehr ausgesetzt und seit jeher unbefestigt; zum Teil haben wir sie mit einer Oberschicht aus bindigerem Boden versehen, die wir mit leichtem, rasch festgetretenem Schotter abstreuen, zum Teil decken wir sie mit etwas Rindenmulch ab.

Wie wir von Anfang an wussten, muss der Wald bewässert werden, sobald er zu trocken wird, doch auch diese Notwendigkeit wird ständig neu bewertet, und wir haben sie in den

Die Herbstzeitlosen beschließen ihre Sommerruhe ab Ende August mit ersten Blüten. Große, violettrosa Blüten machen dem Namen von *Colchicum* 'The Giant' alle Ehre. Das eindrucksvolle, glänzend grüne Laub treibt erst im Frühjahr.

letzten Jahren deutlich reduziert. Ein Satz, den wir oft von Beth hörten, lautete: „Greift zur Schere, nicht zum Schlauch." Anders ausgedrückt: Schaut, ob sich die Verdunstung verringern lässt, indem ihr bei ausbleibendem Regen die Pflanzen zurückschneidet. So scheren wir heute Bodendecker wie Immergrün, Beinwell (*Symphytum*) und Storchschnabel flächig zurück und befreien sie damit von allem Laub, das Wasser verbraucht. Es hilft auch den Bodendeckern selbst, denn schon bald treiben sie frisches, sauberes Blattwerk.

Der Waldgarten ist größtenteils trocken, doch in einen Bereich wird über Rohre weiter oben anfallendes Wasser geleitet. Um die wertvolle Ressource optimal zu nutzen, wurde ein flacher Graben angelegt. Hier ist es feucht genug, um eine andere Pflanzenpalette zu ziehen, unter anderem Funkien, Schaublatt und breitblättrige Ligularien. Dazwischen breiten sich feuchtigkeitsliebende Farne wie Perlfarn (*Onoclea sensibilis*) und Europäischer Straußenfarn (*Matteuccia struthiopteris*) aus. Unübersehbar sind hier die gefältelten, an Funkienlaub erinnernden Blätter des Kalifornischen Germers (*Veratrum californicum*), der im Sommer eindrucksvolle, mit milchweißen Blüten besetzte Rispen treibt. In unserer Eile, den Boden möglichst schlüssig zu bedecken, hatten wir die Große Japanische Pestwurz (*Petasites japonicus* var. *giganteus*) 'Nishiki-buki' gepflanzt, eine panaschierte Auslese, die sich schon bald viel zu wohl fühlte und ihre speerförmigen unterirdischen Triebe bis in den lockeren Waldboden schob.

Was uns am stärksten beschäftigt, auch in puncto Arbeitsaufwand, ist der quasi außer Kontrolle geratene Italienische Aronstab (*Arum italicum* subsp. *italicum*) 'Marmoratum', eine Pflanze, die uns einst sehr am Herzen lag und die wir immer noch in ihrer unverfälschten Form für winterliche Arrangements zu schätzen wissen. Das marmorierte Laub zeigt inzwischen viel Variation; die Unterart scheint Hybriden zu bilden, denn wir finden inzwischen gewaltige Exemplare. Diese Staude überdauert als Knolle und ist im Sommer entsprechend schwierig aufzufinden. Am besten jätet man sie im Laub, was angesichts der Gehölzwurzeln jedoch keine leichte Aufgabe ist – im Nu sind die kleinen Brutknollen abgefallen, und das Spiel be-

Am Waldrand beginnt der schlitzblättrige Essigbaum (*Rhus typhina*) 'Dissecta', sein feuriges Herbstkleid anzulegen. Nicht weit davon tut es ihm ein Europäischer Perückenstrauch (*Cotinus coggygria*) mit ganz ähnlichen Farbtönen gleich.

ginnt von Neuem. Auch die roten Beeren sind problematisch – Vögel fressen sie, um sie später auszuscheiden, wenn sie in den Bäumen sitzen, und schon keimt ein weiteres Samenkorn. Unser Gartenpersonal entfernt nun mit viel Mühe jeden Sommer sämtliche Blütenstängel, bevor die Beeren reifen.

NACHSATZ

Unlängst eröffneten wir unterhalb des Waldgartens einen Weg, von dem ein stiller, schattiger Rasenweg abzweigt und am Wasserreservoir unseres Nachbarn entlangführt. Dieser Bereich wurde mit viel Einfühlungsvermögen in einen Garten der Reflexion verwandelt. An schlichten Eichenpfählen kann man hier Tafeln anbringen, um an einen geliebten Menschen zu erinnern, dem ein solcher Ort vielleicht gefallen hätte.

Der Weiße Germer (*Veratrum album*) beschließt den Sommer mit üppiger Blütenpracht.

Leider haben wir weder auf den Wasserspiegel noch auf die Pläne unseres Nachbarn Einfluss. Die Erdteiche wurden in den 1950er-Jahren ausgehoben und Mitte der 1970er-Jahre vergrößert; sie dienten ursprünglich der Bewässerung der umliegenden Apfelplantagen. In etlichen regenarmen Sommern haben wir inzwischen erlebt, dass sie bis auf den schlammigen Grund leergepumpt wurden. Die Äpfel existieren schon lange nicht mehr; wie viel Wasser benötigt wird, hängt von den Feldfrüchten des Jahres ab. Getreide wird nicht bewässert, Kartoffeln sehr wohl – dann lärmen die Pumpen, was nicht sonderlich schön, aber für die Bewirtschaftung der Felder notwendig ist. Natürlich haben wir dafür Verständnis.

Der Garten der Reflexion ist ein Ruheort für all jene, die etwas Abgeschiedenheit suchen, um ihren Gedanken nachzuhängen – sei es im Gedenken an liebe Verstorbene oder auch nur ganz für sich. Der Schatten eines Besuchers liegt auf dem Baumstamm wie ein Symbol der Vergänglichkeit.

Die ersten Rodungsarbeiten im Wald fanden, wie bereits gesagt, 1989 statt; das gesamte Projekt nahm mehrere Jahre in Anspruch, sodass unser Publikum erstmals etwa 1993 Zugang zum Waldgarten erhielt. Beth hatte nicht ahnen können, dass ihr bald nach Beginn der Arbeiten Land zum Kauf angeboten würde, das es ihr ermöglichte, einen neuen Parkplatz zu bauen und den bisherigen als großen Kiesgarten in die Gartenanlage zu integrieren. Dies hatte zur Folge, dass die Arbeiten am Waldgarten im Winter 1991/92 ruhten, während sich alle Kräfte auf den Parkplatzbau und die Anlage des Kiesgartens und zusätzlicher Vermehrungsbeete konzentrierten.

Nachdem Beth ihre Pflanzen fast ein ganzes Jahrzehnt aufs Intensivste beobachtet hatte, nahm sie schließlich den Stift zur Hand, um diese Erfahrungen in Buchform zu bringen. *The Woodland Garden* erschien erstmals 2002; 2017 wurde das Werk in überarbeiteter Form unter dem Titel *Beth Chatto's Shade Garden* neu aufgelegt.

Wie verzaubert liegt der an den Garten der Reflexion grenzende Wasserspeicher des Nachbarhofs da, wenn seltener Schnee jeden Zweig an Busch und Baum nachzeichnet.

DER KLEINE KIESGARTEN

VORMALS DER MEDITERRANE GARTEN / TROCKENGARTEN

Dieser relativ kleine Gartenteil (Beth bezeichnete ihn häufig als ihren Mediterranen Garten) liegt direkt an der Südwestseite des Hauses. Beths Erfahrungen mit diesem Standort und der passenden Bepflanzung schlug sich schließlich in ihren Pflanz- und Gestaltungsentscheidungen für den neuen, großen Kiesgarten (Seite 34–61) nieder. Im Laufe der Jahre wurde dieser Bereich fast vollständig neu gestaltet und bepflanzt; heute nennen wir ihn den Kleinen Kiesgarten. *David Ward erläutert die Gründe für die Umbauten und fasst die neuesten, noch nicht abgeschlossenen Entwicklungen in diesem Gartenteil zusammen. Doch hier zunächst Beths Beschreibung von 1989.*

Betrachtet man heute diesen Teil des Gartens, so kann man sich nur noch schwer vorstellen, wie er vor 30 Jahren aussah. Der Boden war so trocken und mager, dass dort nur sehr wenig wuchs und selbst das Unkraut in den langen Wochen der Trockenheit vollständig verdorrte. Der Boden an der Südwestseite des Hauses bestand aus fast reinem Kies, mit einer sehr dünnen, dunklen Humusauflage. Wir konnten uns also denken, dass wir in trockenen Sommern Probleme bekommen würden. 1960 zogen wir in das neu gebaute Haus, und ich saß an einem Südhang in der Sonne, grub meine Hand in den warmen Boden und holte weißen Sand hervor. Er rann durch meine Finger wie der Sand in einer Sanduhr. Obwohl ich meinte, wir verstünden etwas von trockenheitsverträglichen Pflanzen, denn schließlich lebten wir seit jeher in diesem besonders trockenen Lan-

Die Pflanzen neben der Treppe, die vom Kleinen Kiesgarten zum Wassergarten hinabführt, sind mit Rücksicht auf den trockenen Sandboden hier oben ausgewählt. Über die niedrige Stützmauer neigt sich Balearen-Brandkraut (*Phlomis italica*); davor blüht der einjährige Klatschmohn (*Papaver rhoeas*) Mother of Pearl Grp., eine aus Saat wiederkehrende Cedric-Morris-Auslese. Die Blütenkerzen der Seidenhaar-Königskerze (*Verbascum bombyciferum*) weiter hinten verstärken den mediterranen Eindruck.

Auch immergrüne Pflanzen haben ihre Hochsaison: Über den silbrigen Laubteppichen des Woll-Ziests (*Stachys byzantina*) 'Cotton Boll' stehen seine samtigen, steifen Blütentriebe, während die Blüten der blaugrün bereiften Mittelmeer-Palisaden-Wolfsmilch (*Euphorbia characias* subsp. *wulfenii*) von der warmen Hauswand in ihrem Rücken profitieren.

desteil, war mir doch klar, dass dies trockener war als alles, womit wir bisher zu tun hatten. Unser erster Garten in Colchester war auf kalkigem Geschiebelehm gelegen, der das Wasser besser hält und nicht so schnell austrocknet.

Ich begann damit, alles verrottete Laub zusammenzutragen, das auf unserem Land zu finden war. Das war nicht viel. Dann brachte ich Champignon-Kompost aus, der eine große Hilfe darstellte. Er enthält einen ziemlich hohen Anteil Kalk, deshalb muss man aufpassen, wo man ihn ausbringt, falls man Kalkflieher wie Rhododendren, bestimmte Primeln und andere Bewohner feuchter Waldgebiete pflanzen will. Infolge der sehr geringen Niederschläge und des stark wasserdurchlässigen Bodens stellte ich mich darauf ein, dass mir die Trockenheit zu schaffen machen würde, einerlei wie viel organisches Material ich einbrachte. Ich wusste, dass die Pflanzung vor allem aus Arten bestehen musste, die natürlicherweise Trockenheit vertragen, auch wenn es mir gelingen sollte, das Bodengefüge mit organischem Material zu verbessern, das die Feuchtigkeit eine Zeitlang halten würde. Ich dachte sofort an graulaubige Pflanzen wie *Cerastium*, an silbernen filigranblättrigen Beifuß, Salbeibüsche und hübsche Wolfsmilchgewächse mit wachsüberzogenem Laub, die alle aus sonnigen, geröllreichen Gegenden rund um das Mittelmeer stammen. Daher meine beiden Namen für diese Gartenteile: „Trockengarten" wegen der Standortbedingungen und „Mediterraner Garten" wegen der vielen Pflanzen aus dieser Region.

Am meisten mag ich an meinem Mediterranen Garten seine Dauerhaftigkeit; der größte Teil der Belaubung verbleibt das ganze Jahr. Auf gut wasserdurchlässigen Kiesböden neigen die Pflanzen dazu, zäh und drahtig zu werden, da sie auf eine „Hungerdiät" gesetzt sind. Einige von ihnen könnten in feuchteren Landesteilen den Winter nicht überstehen. Wenn ihre Blätter im Winter auf kaltem, durchnässtem Boden liegen, verfaulen sie. Einige Pflanzen, Zistrosen zum Beispiel, neigen in Gebieten mit hohen Niederschlägen im Sommer zum Wuchern und produzieren dabei zu viel weichen Zuwachs. Sie werden dann im Winter wesentlich leichter durch Frost geschädigt. Zistrosen sind nicht sonderlich winterhart, und ihre Blüten

Dichte, hellgrüne Blütenstände machen die Mittelmeer-Palisaden-Wolfsmilch (*Euphorbia characias* subsp. *wulfenii*) von März bis Mai zum dramatischen Blickfang; die übrigen Monate steht sie als stattliche Blattschmuckstaude da. Die abgeblühten Triebe schneiden wir aus, bevor im Frühsommer die Samen reifen.

halten nur einen Tag, sie haben aber den wundervollen Charme von Schmetterlingen, sodass ich nicht auf sie verzichten möchte. Mit ihren immergrünen Blättern sind sie im Winter ein wesentliches Element dieses Gartenteils, wo sie nur selten eingehen. Als ich hierherzog, hatte ich sie weiter unten am Hang des Wassergartens gepflanzt. Dort war der Boden feuchter und nährstoffreicher, und im Winter verlor ich sie. Viele trockenheitsliebende Pflanzen erliegen vor allem dem Wechsel von Nässe und Frost. Wenn sie trocken stehen, überdauern sie erstaunlich niedrige Temperaturen.

Das Laub von Pflanzen aus den heißen Regionen dieser Welt ist auf die eine oder andere Art auf Wassermangel eingestellt. Bei manchen schützt eine Wachsschicht das Blatt vor Verdunstung. „Graue“ Pflanzen haben in Wirklichkeit grüne Blätter, die von dichtem weißem Wollfilz oder seidenen Haaren überzogen sind – ganz so, als würden wir eine Bluse anziehen, um uns vor Sonnenbrand zu schützen. Manche Wolfsmilchgewächse haben, was wir als bereiftes Laub bezeichnen – grüne Blätter, die von einer Wachsschicht überzogen sind, die dem Laub einen graublauen Schimmer verleiht und es vor Verbrennung bewahrt. Viele Pflanzen mit kleinen, geteilten oder gegliederten Blättern wie Rosmarin oder Thymian werden durch aromatische Öle geschützt. Eine weitere Art des Schutzes sind dicke, „geschwollene“ Blätter: Pflanzen wie die Fetthenne (*Hylotelephium*, vormals *Sedum*) und Hauswurz (*Sempervivum*) speichern Wasser, wenn verfügbar, in ihrem dicken, saftigen Blattwerk.

Ein ganz grauer Garten kann uninteressant sein. Wenn man nicht aufpasst, wirkt er wie ein Aschehaufen. Deshalb suche ich nach geeigneten Pflanzen, die etwas lebhaftes Grün zufügen, wie *Santolina rosmarinifolia* subsp. *rosmarinifolia* mit ihren schmalen, moosgrünen, gekerbten Blättern. Die Schleifenblume (*Iberis sempervirens*) bildet ein Polster satter, dunkelgrüner Blätter, die im Frühling mit strahlendweißen Blütendolden völlig überschüttet sind. Einige gelbgrüne Stauden füge ich gerne als Kontrast ein, wie den goldblättrigen Wilden Majoran (*Origanum vulgare* 'Aureum'), ebenfalls mit kleinen, duftenden Blättern. Der echte Majoran ist eine typische me-

Zistrosen, wie hier die niedrige Kleinblütige Zistrose (*Cistus parviflorus*), fühlen sich in dem warmen, stark durchlässigen Boden dieses Gartenteils ausgesprochen wohl; dem Schlaf-Mohn (*Papaver somniferum*), der dahinter aus Samen aufgesprungen ist, ergeht es ebenso. Die Zistrosen schneiden wir gleich nach ihrer Blüte im Juni zurück, worauf sie direkt mit Neutrieb reagieren; so bleiben sie schön buschig und werden nicht zu groß.

diterrane Pflanze, man sieht ihn in Südfrankreich überall an Straßenrändern. Als Gärtner, der ein Bild gestalten will, braucht man manchmal Pflanzen, die nicht ganz naturbelassen sind, und schaut sich deshalb nach Varietäten wie den goldblättrigen Formen um. Eine der prächtigsten ist die Goldzitronenmelisse (*Melissa officinalis* 'All Gold'). Sie überwintert als Grundrosette. Im Frühjahr wachsen die glänzenden, gelb beblätterten Triebe bis 45 cm hoch. Wie einige andere gelblaubige Pflanzen benötigen sie Schutz vor direkter Sonne. Ich ziehe hier auch mehrere Formen von goldfarbenem Thymian, darunter *Thymus vulgaris* 'Golden King' und *T. pulegioides* 'Bertram Anderson'.

Im Laufe der Jahre hat sich die Gestalt des kleinen Mediterranen Gartens verändert, da ich in der Lage war, mehr Kompost zu kaufen und Baumaterial für Hochbeete. Diese variieren in der Höhe, was den Garten in meinen Augen wesentlich interessanter und abwechslungsreicher macht. Einen ebenen Garten, vor allem einen kleinen, kann man durch Hochbeete so zu seinem Vorteil verändern, dass man ihn nicht wiedererkennt.

Bei seiner Neuanlage wurde Beths Mediterraner Garten – unser „Kleiner Kiesgarten“ – mit mehreren Hochbeeten ausgestattet, deren niedrige Mauern wir aus gebrochenen Gehwegplatten aufmörtelten. Hier gedeihen diverse farbenfrohe Kleinstauden wunderbar, die in der Weitläufigkeit des großen Kiesgartens nur untergehen würden. Im Spätsommer sticht die leuchtendrote Kolibritrompete (*Epilobium canum*) besonders hervor.

Kniehöhe reicht vollkommen, und bisweilen genügt schon knöchelhoch. Sehr hilfreich sind außerdem Gartenerde, reifer Kompost oder abgelagerter Stallmist und Gartensplitt, um die Beete aufzufüllen und zugleich den Boden zu verbessern.

Entlang der Westmauer, die den Garten von der Gärtnerei trennt, befindet sich nun ein 45 cm hohes Hochbeet. In der ursprünglichen Rabatte mit magerem, sandigem Boden welkte und vertrocknete sogar das Unkraut. Fetthenne und Hauswurz schrumpften auf ihre innerste Rosette zusammen. In manchen Sommern fühlte sich der Boden warm genug an, um ein Ei darauf zu garen. Zunächst hoben wir das Niveau durch die Zugabe einer Mischung aus verbesserter Erde, Splitt und Kompost an. Ein Moorbeet wäre hier völlig fehl am Platz, seine Erhaltung in einer so trockenen Lage unmöglich. Für eine gute Dränage wurde gesorgt, da keine dieser Pflanzen zu viel Feuchtigkeit in ihrem Wurzelbereich toleriert.

Als das Beet schließlich bepflanzt war, wurde es mit Kies abgedeckt. Er ist geeignet, das Unkraut abzuhalten, aber vor allem ist er eine Art trockener Kragen, auf dem die Pflanzen aufsitzen können, sodass der Wurzelhals nicht verfault. Viele Pflanzen, die hier stehen, stammen aus Gebirgsgegenden mit Felsrutschen oder Schutthalden. Erlebt man sie wild in den Bergen, lässt man sich nur allzu leicht täuschen. Der eigene Rücken oder die Nase mögen von der Sonne versengt werden, und die Felsen sind so heiß, dass man sich kaum daraufsetzen kann; man sieht ringsum diese reizenden kleinen Polsterpflanzen und denkt: „Das würde sich in meinem Garten gut machen." Nichts dergleichen! Obwohl es die Pflanzen an der Oberfläche heiß haben, werden sie unterirdisch gleichzeitig von Schmelzwasser versorgt, das vielleicht aus 300 m Entfernung heruntersickert.

Solche Pflanzen – das ganze Glück der Steingartenfreunde – versuche ich erst gar nicht zu pflanzen. Ich kann aber Pflanzen aus Bergen rund um das Mittelmeer ziehen. Dazu zählen *Dianthus*, Fetthenne und *Sempervivum*, die im Sommer auf ausgetrockneten, steinigen Böden sitzen.

Wenn alle Blüten vergangen sind und ebenso ein Teil des Blattschmucks, gibt es immer noch so viel anzuschauen, dass

Ein solches nicht einmal kniehohes Beet ist die ideale Lösung für einen kleineren Garten oder einen Garten mit suboptimalem Boden. Hier gedeihen niedrige, die Kanten überspielende Pflanzen vorzüglich in stark durchlässigem Substrat, darunter die Walzen-Wolfsmilch (*Euphorbia myrsinites*), die durch ihr graublau bereiftes Laub auffällt.

Rechts: Diese Pflanzenkombination erreicht im Spätsommer ihren Höhepunkt – ganz vorn beginnend: Zartrosa Schleierkraut (*Gypsophila*) 'Rosenschleier', dahinter Purpur-Fetthenne (*Hylotelephium telephium* Atropurpureum Grp.) 'Karfunkelstein'; daneben an der Mauerkante als wichtiger Formkontrast die großlaubige *Bergenia pacumbis* sowie zwei kleine Sträucher, die blau blühenden Clandon-Bartblumen (*Caryopteris × clandonensis*) 'Heavenly Blue' und *C. × c.* 'Worcester Gold'. Dahinter strebt die raschwüchsige Amur-Weide (*Salix udensis*) 'Golden Sunshine' in die Höhe.

„Das Laub von Pflanzen aus den heißen Regionen dieser Welt ist auf die eine oder andere Art auf Wassermangel eingestellt. Bei manchen schützt eine Wachsschicht das Blatt vor Verdunstung. ‚Graue' Pflanzen haben in Wirklichkeit grüne Blätter, die von dichtem weißem Wollfilz oder seidenen Haaren überzogen sind – ganz so, als würden wir eine Bluse anziehen, um uns vor Sonnenbrand zu schützen."

Dieses Beet präsentierte sich im Frühsommer mit einer Fülle an Stauden zu Füßen eines schönen Gewöhnlichen Judasbaums (*Cercis siliquastrum*). Leider erlitt dieses Exemplar zu einem späteren Zeitpunkt so großen Sturmschaden, dass wir ihn fällen mussten, woraufhin wir das gesamte Beet neu bepflanzten. Im Mai beeindruckt Blauzungen-Lauch (*Allium karataviense*) zwischen Wolfsmilchgewächsen und verholzender Kreta-Nessel (*Ballota*): Die tennisballgroßen Blüten des Zwiebelgewächses halten bis weit in den Sommer hinein, bevor sie sich in schmucke Samenstände verwandeln.

der Garten im Winter nicht leer erscheint. Mehr als alle anderen Gartenbereiche bleibt der Trockengarten ganzjährig interessant. Es wird mir nie langweilig, allein mit Blattwerk Muster zu gestalten, ganz ungeachtet jedweder Blüten. In den trockeneren Gartenpartien findet sich dadurch selbst im November, wenn rein gar nichts mehr blühen will, noch reichlich Farbe – Silber, Grau, Graublau und Blaugrün, dazu die warmen Bronzetöne des struppigen Fingerstrauchs. Genauso interessant wie die Farben der Blätter sind jedoch ihre Formen und Texturen, von ganz fein zerteilt bis hin zu groß und ganzrandig – ein unverzichtbarer Kontrast. Bei einer durchgehend kleinteiligen Gestaltung, mit nichts als so winzigen Blättern, wie sie Thymian und Lavendel haben, bleibt jegliche Wirkung aus.

Im Sommer duftet der Mediterrane Garten wunderbar. Warum der Herrgott beschlossen hat, die Blätter mit Parfüm auszustatten, weiß nur er allein; ich denke, dass aromatische Öle dazu dienen, die Feuchtigkeit im Blatt zu bewahren und es trotz der großen Trockenheit aktiv zu halten. Es gibt hier Thymian-Sorten, die nach Kümmel duften oder nach Zitrone. Auch im Winter findet man noch dann und wann ein duftendes Blatt am Zitronenstrauch (*Aloysia citrodora*) an der Südwand des Hauses, und die Zitronen-Melisse (*Melissa officinalis*) zu seinen Füßen duftet ebenfalls.

ANLAGE UND NEUPFLANZUNG DES KLEINEN KIESGARTENS

Nach weiteren drei Jahrzehnten zeigt sich dieser Gartenteil in neuem Gewand, komplett überarbeitet und neu bepflanzt. Dieser Prozess begann noch zu Beths Lebzeiten und wird von uns nach ihren Grundsätzen und mit den von ihr bevorzugten Pflanzen fortgeführt.

Mitte der 1990er-Jahre war der inzwischen über fünfunddreißig Jahre alte Mediterrane Garten reif für eine Überholung; zugleich musste Beths altes Holzgewächshaus umziehen, um für das geplante Teehaus Platz zu machen. Außerdem wäre der umgestaltete Kiesgarten mit seinem flexiblen Wegeplan kein guter Rahmen für kleinere, empfindlichere Pflanzen. Es war an der Zeit für eine Veränderung.

Links: Im Hochsommer leuchten die gelben Schmetterlingsblüten des zwergigen Lydischen Ginsters (*Genista lydia*) zu Füßen der Blattschwerter einer *Yucca nobilis*; die Treppe führt vom Kleinen Kiesgarten zum kühlen, ruhigen Wassergarten hinab.

„Ziegensteig“ nannte Beth diesen etwas ungelenken Stufenweg, der den hoch gelegenen Kleinen Kiesgarten mit dem Wassergarten weiter unten verbindet. Riesen-Federgras (*Stipa gigantea*) setzt hier ein Ausrufezeichen und verrät zugleich, wie trocken die Bodenverhältnisse im oberen Bereich sind.

1997 war das Gewächshaus an seinem neuen Platz; nun wurden diejenigen Pflanzen, die Beth behalten wollte, aufgenommen und beiseite geräumt. Die rechteckigen Beete und der von Zwiebeln durchsetzte Oberboden wurden entfernt. Es lag jetzt ein grob 30 Meter langes, 17 Meter breites Areal frei – eine frische Leinwand für ein völlig neues Gemälde. Einzig der wunderschöne alte Gewöhnliche Judasbaum (*Cercis siliquastrum*) stand noch an seinem Platz.

Fünf leicht erhöhte Beete wurden konstruiert; mit ihrer ovalen, gegeneinander versetzten Form sollten sie zum Erkunden einladen. Nach Abschluss der Bauarbeiten im Jahr 1999 wurden diese mit stark durchlässigem Substrat gefüllt und die Wege mit Kies bestreut. Nun fehlte nur noch die Bepflanzung. Die Wahl fiel auf niedrige Bodendecker, ergänzt durch prägnante hohe Formen und kleine strauchige Pflanzen; Polsterstauden überspielen die Mauerkanten. Blüten und Blätter sind hier einander ebenbürtig. Viele Pflanzen, die sich bis dahin im Kiesgarten nur mühsam hielten, fühlten sich hier vom ersten Moment an wohl. Unter denen, die sich am besten bewähren, sind einige, die Beth schon immer hier zog – Thymian, Fetthennen, Hauswurze. Daneben haben sich neue, hohe Stauden etabliert, darunter *Salvia* 'Blue Spire' und die Schwertelglocke *Libertia ixioides*. Den schönen alten Judasbaum mussten wir 2016 aufgrund von Sturmschäden entfernen.

„Genauso interessant wie die Farben der Blätter sind ihre Formen und Texturen, von ganz fein zerteilt bis hin zu groß und ganzrandig – ein unverzichtbarer Kontrast. Bei einer durchgehend kleinteiligen Gestaltung, mit nichts als so winzigen Blättern, wie sie Thymian und Lavendel haben, bleibt jegliche Wirkung aus."

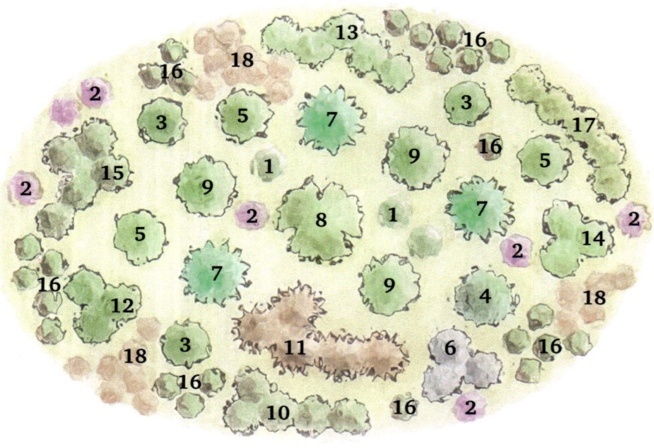

Pflanzplan für ein vollsonniges Hochbeet

Die vorwiegend niedrige Bepflanzung ist ausreichend für ein etwa 5,50 Meter breites und 3,50 Meter tiefes Inselhochbeet.

Legende

1 *Allium tuberosum* (3 ×)
2 *Anemone × pavonina* (7 ×)
3 *Armeria* (3 ×)
4 *Dianthus* (1 ×)
5 *Erigeron karvinskianus* (3 ×)
6 *Erodium* (3 ×)
7 *Eryngium bourgatii* (3 ×)
8 *Euonymus japonicus* 'Microphyllus Pulchellus' (1 ×)
9 *Euphorbia rigida* (3 ×)
10 *Gypsophila repens* (5 ×)
11 *Libertia peregrinans* (5 ×)
12 *Limonium bellidifolium* (3 ×)
13 *Phyla nodiflora* (5 ×)
14 *Pulsatilla vulgaris* (3 ×)
15 *Sedum spurium* (5 ×)
16 *Sempervivum* (24 ×)
17 *Thymus* (5 ×)
18 *Tulipa linifolia* Batalinii Grp. (flächig)

In diesem ganz neu angelegten Kiesbeet, das vormals vom Judasbaum (*Cercis siliquastrum*) beherrscht wurde, finden sich neben mehreren altbekannten Favoriten etliche interessante Neuzugänge. Im Hintergrund sieht man Beths erstes Gewächshaus, noch immer der einzige beheizbare Raum. Darin überwintern die Sukkulenten- und Pelargoniensammlungen, die im Sommer den Topfgarten bevölkern (siehe Seite 192–193).

Angestrebt war Beths „grüner Webteppich“, nach dem sie ihr Buch benannt hatte – das raffinierte Laubmosaik, das ihr Klassiker war. In dem unverbrauchten Boden wurzelten die Pflanzen rasch ein und gelangten im Nu zu stattlicher Größe. Während Beth früher Abend für Abend die Beete wässerte, ist dies nach der Neugestaltung nur noch selten nötig. Abgeschlossen ist die Arbeit an diesem Gartenteil aber längst nicht, denn unweigerlich werden manche Pflanzen vorzüglich gedeihen, während andere zu kämpfen haben.

WEITERE BEREICHE

Die bisherigen Kapitel gaben einen Überblick über die historischen und praktischen Aspekte der Gestaltung und Bepflanzung jener Gartenareale, die Beth vor dreißig Jahren in *The Green Tapestry* beschrieb, ergänzt um Inhalte, die uns auf den heutigen Stand bringen. Die Bepflanzung wurde kontinuierlich revidiert; zugleich entstanden einige völlig neue Gartenteile, darunter der Waldgarten. All diese Bereiche stehen dem Publikum offen.

Interessant ist jedoch auch die Entwicklung des Gärtnereibetriebs, der im Laufe der Jahre stetig an Bedeutung gewann und ohne den die Gartenphilosophie und die Gärten selbst nicht erhalten werden könnten; interessant sind auch Beths Topfgarten und der eher naturhafte Bereich, den der Education Trust nutzt.

Rechts: Beim Besucherzentrum laden Sitzgelegenheiten dazu ein, die duftenden Blütentrauben der Glyzinie zu genießen; der Rundgang beginnt mit einer Erkundung des Kiesgartens. Der Monat Mai stellt einen der Höhepunkte der Gartenanlage dar.

Links: Ein schmaler Pfad, fast ein Schleichweg, bringt unser Gartenpersonal zu den Mutterbeeten und zum Garten beim Willow Room, dem Angelpunkt der Aktivitäten des Beth Chatto Education Trust.

GÄRTNEREI UND MUTTERBEETE

Schon bei ihren ersten Vorträgen merkte Beth, dass die Pflanzen, die sie für ihre Gestaltungstipps mitbrachte, eher selten gezogen wurden und für ihr Publikum kaum erhältlich waren. Das brachte sie auf die Idee, selbst ein Geschäft zu gründen. Die zunächst winzige Gärtnerei beim Haus wuchs stetig heran; Frühbeete entstanden, und Mutterbeete wurden angelegt. 1967 erfolgte der Eintrag unter dem Namen *Unusual Plants*. Es sprach sich herum, die Gartenbesucher mehrten sich, und die Gärtnerei wuchs weiter, um mit der steigenden Nachfrage Schritt zu halten. Als Beth zehn Jahre später erstmals auf der Chelsea Flower Show ausstellte und erste Bücher über ihren Garten und ihre Lieblingspflanzen veröffentlichte, gab es kein Halten mehr.

Nur wenige Gärten und Vermehrungsbetriebe haben sich auf vergleichbare Weise über lange Jahre parallel und in gegenseitiger Abhängigkeit entwickelt. Viele alte Gärten eröffnen zu irgendeinem Zeitpunkt eine Gärtnerei, und viele Gärtnereien legen irgendwann einen Schaugarten an mit den von ihnen geführten Pflanzen. Beth hingegen begegnete den Pflanzen und der Staudengärtnerei mit genau der gleichen Leidenschaft, und etliche der von ihr erarbeiteten Techniken kommen noch heute in dem Vermehrungsbetrieb zur Anwendung.

Ziel ihrer Gärtnerei war immer der Direktverkauf; er sollte es Beths Publikum ermöglichen, vor Ort oder per Bestellung

Oben: Fast alle der etwa zweitausend Arten und Sorten, die vor Ort und online erhältlich sind, werden in der Gärtnerei vermehrt.

Links: Samen und Stecklinge für die Gärtnerei werden aus dem Garten gewonnen; Stauden, die zur Vermehrung aufgenommen und geteilt werden müssen, stehen in gesonderten Mutterbeeten.

Links außen: Auf dem Rundgang durchs Mutterpflanzenquartier kann unser Publikum viele Stauden aus nächster Nähe betrachten, darunter Fetthennen (*Hylotelephium*, vormals *Sedum*) und Salbei (*Salvia*).

Links: Die Funkien (*Hosta*) werden während ihrer Winterruhe aufgenommen und zur Vermehrung geteilt. Zum Schutz vor Kaninchen, die seit jeher ein Problem darstellen, ist dieses Mutterbeet – nicht als einziges – umzäunt.

Oben: Beim Willow Room liegen die Mutterbeete der Gräser, die hier ihre Herbstfarben zeigen, darunter silbriges Chinaschilf (*Miscanthus*) und bleistiftschmales Pfeifengras (*Molinia*). Vermehrungszeit für die Gräser ist das Frühjahr. Die herrliche Eiche im Hintergrund, eine von vielen schönen Eichen auf dem Grundstück, hält ihr Laub am längsten von allen.

die Pflanzen zu erwerben, die man in ihrem Garten oder auf ihrem Wettbewerbsbeitrag sehen konnte. Fast immer schon hat die Gärtnerei Pflanzen per Post verschickt; durch Internet und Online-Bestellungen ist dieser Geschäftszweig nun stark in den Vordergrund gerückt.

Beths Garten war seit jeher eine unverzichtbare Quelle von Vermehrungsmaterial, sei es Saatgut, seien es Stecklinge. Doch nicht wenige Pflanzen lassen sich ausschließlich durch Teilung vermehren. Damit dazu nichts aus dem Garten aufgenommen werden muss, wurden in nächster Nähe Mutterbeete angelegt. Neuerdings ist dieser Bereich allgemein zugänglich, dank eines neu angelegten Rundwegs, der – am Willow Room vorbei – durch das Mutterpflanzenquartier führt (siehe Seite 194–195).

Technik spielt nicht nur in unserem Alltag eine immer größere Rolle, sondern sie hat sich auch als enorme Hilfe für das Tagesgeschäft der Gärtnerei entpuppt. Eine mit der Website verbundene Echtzeit-Bestandsanzeige lässt uns nicht nur wissen, wie viele Exemplare einer Pflanze noch vorrätig sind, sondern auch, wann welche Sorte in welcher Menge vermehrt werden sollte. Außerdem können wir für alle Arten und Sorten individuelle Pflanzenstecker drucken – welch ein Fortschritt gegenüber den Zeiten, da wir der Kundschaft Bleistift, Klemmbrett und leere Etiketten in die Hand drückten!

Die Gärtnerei produziert heute rund zweihunderttausend Pflanzen in annähernd zweitausend Arten und Sorten, von denen die meisten direkt vor Ort vermehrt und angezogen werden. Aus Umweltschutzgründen kommen keine Insektenvernichter zur Anwendung, und Unkraut in den Töpfen wird mit feinem Rindenmulch unterdrückt. Seit 2018 verwendet die Gärtnerei in der Topfkultur nur noch torffreies Substrat, und die jetzigen Anzuchttöpfe in der Farbe Taupe lassen sich besser wiederverwerten als die früheren schwarzen. Ganz im Geiste von Beths umweltbewusster Pflanzphilosophie sucht das Unternehmen ständig nach weiteren Methoden, um seinen ökologischen Fußabdruck zu verringern.

TÖPFE UND CONTAINER

In den Gartenbereichen steht fast ausschließlich Dauerbepflanzung mit überwiegend winterharten Stauden und einigen Sträuchern, ergänzt durch sehr wenig Saisonales; an anderer Stelle jedoch finden sich seit jeher auch frostempfindliche Pflanzen. Bevor wir diese topfen, mischen wir alljährlich Ende Mai oder Anfang Juni ein spezielles Kübelsubstrat frisch an. Die Topf-Arrangements konzentrieren sich auf Flächen am Haus und auf den Bereich zwischen dem Garteneingang und dem Teehaus. Hier findet sich unter anderem Beths unerlässliche Sukkulenten-Sammlung, die in der frostfreien Zeit aus dem Gewächshaus ins Freie zieht, um sich als beeindruckender Topfgarten zu präsentieren. Unsere trockenen Sommer bekommen der Sammlung gut, und so ist sie im Laufe der Jahre immer umfangreicher geworden.

Durstigere frostempfindliche Pflanzen bleiben seit jeher in Hausnähe, wo sie bequemer mit Wasser zu versorgen sind. Wechselnde fantasievolle Container-Kombinationen schmücken die Terrasse oberhalb der Gartenteiche, wobei der Schatten einer dichten Tulpen-Magnolie (*Magnolia × soulangeana*) die Pflanzenauswahl bestimmt. Auch den Hof, auf den die Küche blickt, ziert eine kleine Sukkulentengruppe oder aber ein einzelnes schönes Pflanzgefäß.

Die diversen Pelargonien stellen inzwischen ebenfalls eine Sammlung dar; sie steuern leuchtende Blütenfarben und mitunter wunderbar texturiertes Laub bei, das mal nach Rose, mal nach Zitrone und dann wieder ganz anders duftet.

Im Spätsommer werden Stecklinge geerntet; spätestens im November sind dann sämtliche Mutterpflanzen zurückgeschnitten und eingeräumt, viele davon in Beths ältestes Gewächshaus, einen Klassiker der Firma Pratten. Hier werden sie über den Winter weiter vermehrt – die Topfgartenkollektion der kommenden Saison.

Rechts oben: Im Sommer ist die Sukkulentensammlung an einer Mauer aufgebaut, auf deren Sonnenseite der Kleine Kiesgarten liegt. Spätestens Ende Oktober sind die Pflanzen wieder ins Warmhaus gezogen.

Rechts unten: Im tiefen Schatten der schönen Tulpen-Magnolie (*Magnolia × soulangeana*) fühlen sich Container-Pflanzen wohl, die mit Blattwerk beeindrucken, darunter Begonien und Funkien (*Hosta*).

Oben: Eine farbenfrohe Pelargoniensammlung genießt einen Sonnenplatz im Hof.

Der Willow Room liegt mit Blick auf den stillen Quellteich (siehe auch Seite 87), der häufig von Eisvögeln besucht wird. Der Beth Chatto Education Trust nutzt den Veranstaltungsort für Kurse und Workshops. Die Stiftung veranstaltet darüber hinaus Events wie Gastvorträge und Symposien in der nahegelegenen University of Essex, wo bereits führende Gartenspezialisten wie Cassian Schmidt, Dan Pearson, Alan Titchmarsh und Christine Walkden zu hören waren.

DER WILLOW ROOM

Beths ganze Arbeit war ebenso leidenschaftlich wie konsequent auf die Natur ausgerichtet. Der Schlüssel zu einem intakteren Planeten lag für sie in entsprechendem Wissen – und dazu, so hoffte sie, sollte ihr Garten beitragen. Aus diesem Antrieb heraus nahm 2015 der Beth Chatto Education Trust seine Arbeit auf. Die vom Garten- und Gärtnereibetrieb unabhängige Stiftung soll Beths Pflanzenbegeisterung und ihre Überzeugung, dass wir uns unseren Weg durch die Ökologie vorgeben lassen müssen, an Menschen aller Altersgruppen weiterreichen.

Viele der Kurse finden in unserer Fortbildungsstätte statt, dem Willow Room, einem gut ausgestatteten, angenehmen Gebäude, das sich für diverse Fortbildungsmaßnahmen eignet. Für Aktivitäten im Freien existiert jenseits des Mutterpflanzenquartiers ein spezieller geschützter Außenbereich, unsere „wilde Ecke". Es ist ein vor etlichen Jahren von Beth angepflanztes Gehölz mit einem großen Tümpel in der Mitte – ein ruhiges, vom öffentlichen Garten abgeschirmtes Areal.

Als gemeinnützige Stiftung bauen wir unser Bildungsangebot für Kinder und Erwachsene kontinuierlich aus. Obwohl seit der Gründung erst wenige Jahre vergangen sind, verzeichnen wir bereits zahlreiche positive Rückmeldungen zu den Kursen, Workshops und Events. Wir empfangen Schulklassen, organisieren Ferienaktivitäten und bieten zahlreiche Pflanzen- und Gartenworkshops sowie Kreativ- und Kunstkurse an; darüber hinaus finden hier RHS-Zertifizierungsprogramme statt. Kurzum: Es gibt hier alles, was die Freude und das Interesse an Pflanzen, Gärten und Umwelt fördert und entsprechendes Wissen mehrt.

Beth war eine starke, zielstrebige Pflanzenspezialistin, der es gelang, die Welt zu verändern. Ihr Leben lang unterstützte sie andere, die von derselben Leidenschaft getrieben waren. Es ist ein Erbe, das wir fortführen wollen.

PFLANZENVERZEICHNIS

Das folgende Verzeichnis enthält neben Stauden, die Beth Chatto selbst zog, weitere, die ihr gefallen hätten. Die Liste hätte deutlich länger ausfallen können, auch in unserem Gärtnereiverkauf findet sich einiges hier Ungenanntes, doch es ging uns um einen Mix aus bekannten gartenwürdigen Stauden und solchen, die Beth besonders am Herzen lagen.

Die am Ende jedes Eintrags angegebene Winterhärte (zum Beispiel „Z6") verweist auf die Winterhärtezonen, wie sie in der Literatur (u. a. Zander, *Handwörterbuch der Pflanzennamen*) und auch von vielen Staudenhändlern verwendet werden. Sie lässt einen allgemeinen Rückschluss auf die Jahrestiefsttemperaturen zu, die die Pflanze übersteht. Dennoch handelt es sich dabei grundsätzlich nur um eine Annäherung, denn viele Faktoren können die Winterhärte positiv oder negativ beeinflussen, darunter kalter Wind, der Reifezustand/Wassergehalt der Pflanze beim Eintreten winterlicher Temperaturen, die Bodendurchlässigkeit und Staunässe. Die Einstufung kann daher nur als grober Richtwert für die tatsächliche Winterhärte einer Pflanze an einem bestimmten Standort gelten. Von vornherein ganz offensichtlich zu empfindliche Pflanzen sind nicht zu empfehlen.

Winterhärtezonen

Zone	Temperatur °C
1	< −45,5°C
2	−45,5 bis −40,1°C
3	−40,0 bis −34,5°C
4	−34,4 bis −28,9°C
5	−28,8 bis −23,4°C
6	−23,3 bis −17,8°C
7	−17,7 bis −12,3°C
8	−12,2 bis −6,7°C
9	−6,6 bis −1,2°C
10	> −1,2°C

Anmerkung der Autoren: *Die botanische Nomenklatur befindet sich in ständiger Überarbeitung. Die im Folgenden verwendeten botanischen Namen berücksichtigen die neuesten Änderungen, soweit uns dies möglich war.*

Rechts:
Cyclamen hederifolium

ACANTHUS (Bärenklau)
A. *mollis* (Weicher B.)
Imposante, bei milderen Temperaturen wintergrüne Staude mit großen, tief eingeschnittenen, glänzend grünen Blättern. Trägt im Spätsommer am hohen ährigen Blütenschaft behelmte, zweifarbig violett-weiße Blüten. Sonniger Standort ohne Staunässe. 150 cm. Z7.

ACHILLEA (Schafgarbe)
A. *filipendulina* 'Gold Plate' (Gold-Garbe)
Bekannte Sorte mit gelben Blütentellern im Hochsommer auf hohen, steifen Stängeln. Sehr gute, nicht ausbleichende Trockenblume. Vollsonniger, wasserzügiger Standort. 90 cm. Z3.
A. *millefolium* 'Lansdorferglut' (Wiesen-Schafgarbe)
Den ganzen Sommer über reichblütige Sorte mit gefiedertem Laub und kräftig rosafarbenen Blütentellern, die nach und nach zu Hellbeige verblühen. 75 cm. Z3.
A. 'Moonshine'
Wertvolle Staude mit Blütentellern in hellem Zitronengelb auf verzweigten Stängeln über schönem silbergrauem Laub. Gute Schnitt- und Trockenblume, hält die Farbe. Blüht in der ersten Sommerhälfte und oft erneut zu Herbstbeginn. Braucht Sonne und gute Dränage. 60 cm. Z6.

ACORUS (Kalmus)
A. *calamus* 'Argenteostriatus'
Attraktives, schwertförmiges, kräftig milchweiß-grün gestreiftes Laub, im Frühling mit rosiger Basis. Angenehm würziger Duft beim Zerreiben. Unauffällige Blüte. Für frischen Boden oder seichtes Wasser. 90 cm. Z3.

ACTAEA (Christophskraut)
A. *rubra* (Rotfrüchtiges C.)
Die dekorativste Art der Gattung für den Halbschatten. Ab Juli große Büschel kleiner, jadegrüner Beeren, die sich scharlachrot färben und bis zum Frühherbst an der Pflanze verbleiben. 75 cm. Z3.
A. *simplex* Atropurpurea Grp. (Oktober-Silberkerze) 'Brunette'
Auslese mit Laub und Stielen in Schwarzviolett, darüber im Spätherbst süß duftende, kleine weiße Blüten. Sonne bis Halbschatten, frischer Boden. 180 cm. Z3.
A. *simplex* 'White Pearl'
Für einen kühlen, schattigen, frischen Standort. Hocheleganter Herbstblüher mit langen, schneeweißen Blütenkerzen an verzweigten Stängeln und später limonengrünen Beeren. 120 cm. Z3.

Ganz oben: ***Achillea filipendulina* 'Gold Plate'**
Oben: ***Actaea rubra***
Links: ***Acanthus mollis***

ADIANTUM (Frauenhaarfarn)
A. *pedatum* (Pfauenradfarn)
Winterharter, ungewöhnlicher Farn mit leuchtend grünem, attraktiv gefiedertem, gebogenem Blatt an drahtigem, schwarzviolett glänzendem Stiel. 30 cm. Z3.

AGAPANTHUS (Schmucklilie)
Diese Sorten sind am sonnigen, humosen, durchlässigen Standort winterhart. Alle sind gute Schnittblumen; blühen den ganzen August und bilden im September attraktive, zur Trockendeko geeignete Samenstände. An kaltem Standort Winterschutz nötig.
***A.* 'Ardernei Hybrid'**
Große, wohlgeformte Blütenstände, weiße Blüten mit violettrosig überlaufenen Spitzen. Auffällige schwarze Staubbeutel. 90 cm. Z7.
A. campanulatus* var. *albidus
Dicht mit weißen, trompetenförmigen Blüten besetzte Blütenkugeln auf glatten Stängeln über riemenförmigem Laub. 60 cm. Z7.
***A.* 'Evening Star'**
Dunkle Knospen an violetten Stielen öffnen sich zu blauen Blüten mit dunklem Streif. 60 cm. Z7.
***A.* 'Windlebrooke'**
Knospen in fabelhaft kräftigem Indigo, dunkelblaue Blüten. 60 cm. Z7.

AJUGA (Günsel)
Heimische Waldstaude. Bevorzugt Sonne bis Halbschatten und wasserspeichernden Boden.
***A. reptans* 'Atropurpurea' (Kriechender G.)**
Stark glänzendes, dunkelviolettes Laub, darüber dunkelblaue Blütenkerzen. 25 cm. Z3.
***A. reptans* 'Burgundy Glow'**
Sommers wie winters schönes, rosa-magentafarben übermaltes Laub mit rahmweißem Rand. Blüht blau. 10 cm. Z4.

ALCHEMILLA (Frauenmantel)
Gedeiht auf wasserspeicherndem Boden in Sonne und Halbschatten.
***A. mollis* (Weicher F.)**
Unverzichtbare Beet- und Schnittblume. Bildet ein gleichmäßiges Kissen aus samtigem, rundlichem Laub. Morgens ist der gezähnte Blattrand oft mit einer Perlen-

Oben: ***Ajuga reptans* 'Atropurpurea'**

Oben: ***Agapanthus* 'Windlebrooke'**
Links: ***Agapanthus* 'Ardernei Hybrid'**

schnur aus Tröpfchen besetzt. Schmückt sich im Sommer wochenlang mit langgestielten, duftigen gelbgrünen Blütenwolken. 45 cm. Z3.

ALLIUM (Lauch)
siehe auch: NECTAROSCORDUM

***A. ampeloprasum* (Acker-Knoblauch)**
Öffnet im Sommer seine großen, auf kräftigen Stielen getragenen kugeligen Knospen zu dichten rosa Blütenköpfen. 150–180 cm. Z6.

***A. atropurpureum* (Schwarzpurpurner L.)**
Im Juni dunkelpurpurrote Blüten in halbrunden Dolden. 60 cm. Z4.

***A. carinatum* subsp. *pulchellum* (Schöner L.)**
Zarter Lauch mit etlichen violettrosa Blüten, die im Juli und August von den Enden zahlreicher schlanker Stiele baumeln. 40 cm. Z4.

***A. christophii* (Sternkugel-L.)**
Ein kräftiger und doch zart wirkender Lauch mit beeindruckend großen Blütenkugeln im Spätfrühling. Jeder Blütenball ist aus zahllosen metallicfliederfarbenen Blütensternen zusammengesetzt. Ausgezeichnet als Trockenblume: Die violette Tönung der zarten Blütenstiele bleibt erhalten. 60 cm. Z4.

***A. flavum* (Gelber L.)**
Kleiner Zierlauch mit dicht stehendem, fast blauem Laub; im Hoch- bis Spätsommer baumeln kleine zitronengelbe Blüten von den Enden der Blütenstängel. 20 cm. Z4.

A. hollandicum
Die dicht mit kräftig fliederblauen Blüten besetzte Blütenkugel von der Größe einer Saftorange erscheint im Mai auf hohem, schlankem Stiel. 90–120 cm. Z4.

***A. karataviense* (Blauzungen-L.)**
Treibt im zeitigen Frühjahr fest zusammengerolltes Laub mit kastanienbraunem Rand. Das entrollte, breit zungenförmige Blatt kontrastiert blaugrau-grün mit der tennisballgroßen, beige-pinkfarbenen Blütenkugel auf kurzem Stiel. Durchscheinend trocknende fleischige Samenkapseln. 15 cm. Z6.

***A. lusitanicum* (Berg-L.)**
Im Spätsommer stehen bläulich-rosa Blütenkugeln über dichten Büscheln von teils verdrehtem graugrünem Laub. 45 cm. Z5.

***A. nigrum* (Schwarzer L.)**
Die Wildpflanze aus Südosteuropa blüht weiß in dichten, abgeflachten Blütenständen. 90 cm. Z5.

***A. oreophilum* (Rosen-Zwerg-L.)**
Niedriger Zierlauch für den Rand eines sonnigen Trockenbeets, der zur Sommermitte eine Fontäne weniger großer, intensiv rosiger Blüten produziert, die zu sonnengebleichten Samenständen ausreifen. 10 cm. Z6.

A. 'Purple Rain'
Öffnet im Frühsommer eine bis 15 cm große Blütenkugel aus zahllosen Blütensternen; Bienen und Schmetterlinge fliegen darauf. Für sonnigen, durchlässigen Boden. 60 cm. Z4.

***A. sphaerocephalon* (Kugel-L.)**
Die kleinen Zwiebeln vermehren sich willig, sodass im Juli die auf schlanken Stielen getragenen kleinen, zwetschgenförmigen purpurroten Blütenköpfe in Sträußen beisammenstehen. 45 cm. Z4.

Links: *Alchemilla mollis*
Unten: *Allium* 'Purple Rain'
Ganz unten: *Allium sphaerocephalon*

ALSTROEMERIA (Inkalilie)

A. Ligtu-Hybriden

Viele kleine, an Lilien erinnernde, geaderte Blüten in Farbtönen von Rosa bis Apricot auf hohem, reichverzweigendem Stiel. Blüht Juni–August. 75 cm. Z7.

A. psittacina

Schlanke, an Lilien erinnernde, dunkelrote Blüten, schwarz gestrichelt mit hellgrünen Spitzen. Braucht warmen, gut durchlässigen Boden. Blüht ab Juli. Die ersten Blüten reifen zu dekorativen Schoten. 90 cm. Z7.

ANAPHALIS (Perlkörbchen)

***A. triplinervis* 'Sommerschnee'**

Sich langsam verbreiternder graufilziger Blätterhorst, über dem im Spätsommer Dolden papierartiger, perlweißer Korbblüten stehen. Überkopf trocknen für winterlichen Blütenschmuck. Braucht sonnigen, wasserspeichernden Boden. 25 cm. Z3.

ANEMONE (Windröschen)

***A. × hybrida* 'Honorine Jobert' (Herbst-Anemone)**

Unübertroffene alte Sorte, blüht auf verzweigten Stängeln reinweiß mit gelben Staubfäden. Wochenlange Blüte im Herbst. 120 cm. Z5.

***A. multifida* (Pazifisches W.)**

Blüht im Frühjahr zartzitronengelb über einem Kissen aus dunkelgrünem, fein zerteiltem Laub; später große, watteartige Samenstände. Benötigt Sonne und gut wasserzügigen Boden. 25 cm. Z5.

***A. nemorosa* 'Robinsoniana' (Busch-W.)**

Wunderschöne zartblaue Form. Im Frühjahr öffnen sich rosaviolett überhauchte Knospen zu atemberaubenden Blüten mit zahlreichen gelben Staubfäden. Vorzugsweise im Halbschatten in wasserspeicherndem Waldhumus. 10 cm. Z4.

***A. pavonina* (Pfauen-Anemone)**

Knollenförmiger Wurzelstock, über der Grundrosette aus tief eingeschnittenen Blättern im Frühjahr rote, blaue oder violette schalenförmige Blüten, oft mit weißem Grund. 40 cm. Z5.

***A. tomentosa* (Filzblättrige Herbst-Anemone)**

Eine der besten japanischen Anemonen. Zartrosa Blüten mit dunkler Rückseite, früher blühend als die Hybriden. 120 cm. Z4.

ANGELICA (Engelwurz)

***A. archangelica* (Arznei-E.)**

Hervorragende architektonische zweijährige Pflanze. Im Hochsommer des zweiten Jahres treibt aus den breiten, gefiederten Grundblättern ein kräftiger, oben verzweigter Stängel mit großen Blütenständen. Gedeiht in Sonne bis Halbschatten auf frischem bis feuchtem Boden. 150 cm. Z6.

Oben links: ***Anemone tomentosa***
Oben rechts: ***Alstroemeria* Ligtu-Hybriden**
Oben: ***Angelica archangelica***

ANTHEMIS (Hundskamille)
Ein Rückschnitt sämtlicher *A. tinctoria* (Färberkamille) Ende August führt zu weiteren Verzweigungen und erhöht die Lebensdauer. Alle brauchen volle Sonne.
***A. tinctoria* 'E. C. Buxton'**
Öffnet den Sommer lang hellgelbe Margeritenblüten auf dünnen, festen Stielen über buschigem, gefiedertem Laub. 50 cm. Z3.
***A. tinctoria* 'Wargrave Variety'**
Alte Sorte mit hellzitronengelben Blüten; gut zu *Euphorbia griffithii* 'Fireglow'. 75 cm. Z3.

ANTHRISCUS (Kerbel)
***A. sylvestris* 'Ravenswing' (Wiesen-Kerbel)**
Eine bezaubernde Form mit durchsichtigen, rahmweißen Blütendolden über bronzepurpurnem Laub; blüht mehrere Wochen ab dem Frühsommer. Pflegeleicht in Sonne bis Schatten. Fällt samentreu. 75 cm. Z6.

ARMERIA (Grasnelke)
***A. maritima* 'Düsseldorfer Stolz' (Strand-G.)**
Rasenartige Polsterstaude mit zahllosen hellpurpurroten Blütenköpfen im Sommer. 20 cm. Z3.

ARTEMISIA (Beifuß)
Unverzichtbare Bodendecker- oder Hintergrundstauden mit attraktivem, stark duftendem silbernem Laub für den heißen Trockengarten; benötigen reichlich Sonne und gut durchlässigen Boden. Sämtliche Arten sind wertvolle Blattschmuckstauden; Blüte unerheblich.
***A. abrotanum* (Eberraute)**
Duftende Heil- und Gewürzpflanze, am besten nah am Weg oder beim Sitzplatz. Dicht mit festem, salbeigrünem, mehrfach fiederteiligem Laub besetzter Halbstrauch oder krautige Pflanze, schöner Kontrast zu Salbei und *Cistus*. Frühjahrspflegeschnitt empfohlen. 75 cm. Z5.
***A. dracunculus* (Estragon)**
Küchenkraut mit schmalem, grünem Blatt, das Salaten, Geflügel- und Fischgerichten einen Pfiff verleiht. 60–120 cm. Z4.
***A. pontica* (Pontischer B.)**
Treibt zahlreiche, mit fein zerteiltem silbergrauem, aromatischem Laub besetzte, straff aufrechte Stiele. Ausgezeichneter Hingucker und Bodendecker für einen trockenen Sonnenplatz. Verbreitet sich über Wurzelausläufer. 40–70 cm. Z5.

ARUM (Aronstab)
***A. italicum* subsp. *italicum* 'Marmoratum' (Italienischer A.)**
Treibt auf lockerem Waldboden ab dem Spätherbst und im Winter das zunächst zusammengerollte, exotisch wirkende Laub; sinkt bei starkem Frost zusammen, um sich danach unbeschadet wieder aufzurichten. Das elfenbeinfarben gezeichnete, glänzend dunkelgrüne pfeilförmige Blatt erreicht im April seine Endhöhe. Rote Beeren ab September. 30 cm. Z4.

ARUNCUS (Geißbart)
Sämtliche Arten bevorzugen Sonne bis Halbschatten und wasserspeichernden Boden.
***A. aethusifolius* (Kleiner G.)**
Das niedrige Büschel aus frischgrünem, fein zerteiltem Laub wirkt wie Kerbel mit mehr Substanz. Darüber erscheinen im

Oben: ***Anthemis tinctoria* 'E. C. Buxton'**
Unten: ***Arum italicum* subsp. *italicum* 'Marmoratum'**

Oben links: ***Aruncus dioicus***
Oben: ***Asphodelus albus***

Juni dicht an dicht rahmweiße, astilbenartige Blütenstände auf drahtigen, 30–35 cm hohen Stängeln. Ab September glänzende, dunkelbraune Samenstände; auch die leeren, hellbraunen Gerippe sind noch attraktiv über dem rosa und rot verfärbten Herbstlaub. 25–30 cm. Z3.

***A. dioicus* (Wald-G.)**
Ausgezeichnete Großstaude mit elegantem, gefiedertem mittelgrünem Laub; darüber zur Sommermitte hohe, verzweigte, cremeweiße Blütenwedel. Später folgen interessante Samenstände. Benötigt humosen Boden. 120 cm. Z3

ASPHODELINE (Junkerlilie)
Beide Arten fühlen sich am durchlässigen, sonnigen Standort wohl.

A. liburnica
Eine grazilere Version der *A. lutea* mit Blüten in deutlich hellerem Gelb an verzweigten Stielen; öffnet ihre Knospen im Hochsommer, wenn die andere Art bereits Samen bildet. 90 cm. Z7.

A. lutea
Kräftig gelbe Blütensterne mit schmalen Blütenblättern stehen an hohen Blütenschäften, die ringsum mit graublauen, grasartigen Stängelblättern besetzt sind. Später bilden sich leuchtend grüne Kapselfrüchte, die schließlich braun werden. 90 cm. Z6.

ASPHODELUS (Affodill)

***A. albus* (Weißer A.)**
Im Mittelmeerraum auf steinigen, trockenen Böden anzutreffen und entsprechend geeignet für gut durchlässige, sonnige Standorte. Das aus dem verdickten Rhizom treibende Büschel langer, grasartiger Blätter wird von hohen Blütenschäften überragt, an denen sich im Frühsommer lange, schmale Knospen zu weißen Blütensternen öffnen, ein brauner Mittelnerv zeichnet jedes Blütenblatt. 120 cm. Z7.

ASPLENIUM (Streifenfarn)

***A. scolopendrium* (Hirschzungenfarn)**
Trägt weit auseinanderfallende lange, ungeteilte Blattwedel und erduldet fast alle Bedingungen, leidet aber bei langer Trockenheit. Es gibt viele Varianten unterschiedlicher Höhe, von 30–60 cm. Z5.

ASTER
Alle Arten bevorzugen einen sonnigen, frischen Standort.

***A. amellus* 'Veilchenkönigin' (Berg-A.)**
Diese ausgezeichnete alte Sorte öffnet im September–Oktober wohlgeformte, leuchtend violette, offene Blüten auf steifen, dunklen Stängeln. 50 cm. Z4.

A. × *frikartii* 'Mönch' (Frikarts A.)
Die beste Sommeraster, mit großen, auffälligen, kräftig lavendelblauen Blüten von August bis Oktober. 80 cm. Z4.

Niedrige trockenresistente Stauden:
Allium
Anemone × fulgens
Anemone pavonina
Armeria
Calamintha
Carlina
Dianthus
Diascia
Epilobium
Erigeron karvinskianus
Eriophyllum
Euphorbia myrsinites
Festuca
Haplopappus
Origanum
Sedum
Stipa tenuissima
Teucrium × lucidrys
Thymus
Tulipa sprengeri

ASTILBE (Astilbe)
Alle Arten bevorzugen frischen Boden und Sonne.

***A.* × *arendsii* 'Fanal' (Garten-A.)**
Tiefrote Blütenwedel zu dunklen Stielen und Blättern. 60 cm. Z4.

***A.* × *arendsii* 'Venus'**
Blütenwedel in zartestem Rosa. 90 cm. Z4.

***A.* 'Bronce Elegans'**
Schöne Zwergsorte mit bronzefarben übermaltem grünem Laub, im Sommer mit überhängenden beige-lachsrosa Blütenwedeln. 30 cm. Z4.

***A. chinensis* var. *pumila* (Zwerg-China-A.)**
Langsam sich ausbreitender Bodendecker mit gefiedertem Laub und schlanken, malvenrosa Blütenwedeln vom Spätsommer bis in den Herbst. 30 cm. Z4.

***A. chinensis* var. *taquetii* 'Superba' (Purpur-China-A.)**
Eine ungewöhnliche Astilbe, im Spätsonner mit dichten, dunkelrosa Blütenwedeln auf straff aufrechten, hohen Stielen. 120 cm. Z4.

ASTRANTIA (Sterndolde)

***A. major* 'Alba' (Große S.)**
Jede emporgereckte Blütendolde wirkt wie ein Biedermeiersträußchen aus rahmweißen Einzelblüten in einer grün bespitzten Manschette; blüht vom Juni–August. 70 cm. Z4.

***A. major* Gill Richardson Grp.**
Die nach einer Pflanzenzüchterin benannte Auslese ist wüchsig mit tiefweinroten Blüten auf kräftigen Stängeln. Braucht Licht, um die Blütenfarbe optimal auszubilden. 75 cm. Z4.

***A. major* 'Sunningdale Variegated'**
Die womöglich schönste Blattschmuckstaude für den Frühling, mit großen, tief gelappten, elegant gelb und rahmweiß panaschierten Blättern. Von Sommer bis Herbst am Ende verzweigter Stängel rosa überlaufene weiße Blütensträußchen. 75 cm. Z4.

A. maxima
Große, erdbeersahnefarbene Blütensträußchen mit unzähligen rosa Staubfäden und auffälligen Tragblättern auf elegant verzweigten Stängeln. 75 cm. Z4.

Links: ***Aster* × *frikartii* 'Mönch'**
Unten: ***Astilbe* × *arendsii* 'Fanal'**
Ganz unten: ***Astilbe* × *arendsii* 'Venus'**

ATHYRIUM (Frauenfarn)
***A. filix-femina* (Wald-F.)**
Die grazile Art gibt es in unterschiedlichen Auslesen und Größen, von etwa handhoch bis taillenhoch. Alle benötigen wasserspeichernden Boden und Schutz vor austrocknenden Winden. Z4.
***A. niponicum* (Brokatfarn)**
Violett überlaufene graue Blattwedel an purpurnen Stielen. Dieser Farn benötigt einen windgeschützten Standort in frisch-feuchtem Waldmull. 30 cm. Z4.

BALLOTA (Schwarznessel)
***B. pseudodictamnus* (Kreta-Nessel)**
Ein wunderschönes Grau. Aus der verholzenden Basis entspringen lange, aufwärtsstrebende Triebe mit grauweißfilzigen runden Blättern. Ganz entlang der Triebe stehen kleine malvenfarbene Lippenblüten in Scheinquirlen mit filzigem Kragen; gute Schnittblume. Gut durchlässiger Boden ist wichtig; je trockener der Stand, desto heller das Laub im Winter. Möglichst vollsonniger Standort. 75 cm. Z8.

BAPTISIA (Färberhülse)
***B. australis* (Blaue F.)**
Ausgezeichneter Schmetterlingsblütler für sonnigen, tiefgründigen, wasserspeichernden Boden. Öffnet im Sommer dunkelblaue Blüten in schlanken traubigen Blütenständen auf dunklen, straff aufrechten Stielen; später folgen schwärzliche, aufgeblasene Hülsenfrüchte. 90 cm. Z3.

BERGENIA (Bergenie)
***B. cordifolia* 'Purpurea' (Altai-B.)**
Ausgezeichneter Bodendecker mit großem, rundlichem, welligem Blatt, das sich bei Frost rotviolett verfärbt. Von den an Rhabarberstiele erinnernden Blütenstängeln nicken den Sommer über immer wieder kräftig magentafarbene Blüten. 50 cm. Z4.
***B. crassifolia* 'Autumn Red' (Dickblatt-B.)**
Blätter kleiner als bei *B. cordifolia*. Das im Sommer frischgrüne, eiförmige Laub steht aufrecht in Rosetten, sodass im Herbst die kräftig karminrote Blattunterseite mit der glänzend grün-bronzefarbenen Oberseite kontrastiert. Zeigt im Mai schöne lilarosa Blüten. 40 cm. Z4.
HYBRIDEN
***B.* 'Abendglocken'**
Im Spätherbst/Winter zeigt sich das kompakte, in schönen Rosetten stehende eiförmige Laub glänzend bronzerot überlaufen. 40 cm. Z6.

Mittelhohe bis hohe trockenresistente Stauden:
Agapanthus
Allium
Alstroemeria Ligtu-Hybriden
Artemisia
Asphodelus
Ballota
Cistus
Cynara
Echinops
Eryngium
Euphorbia characias subsp. *wulfenii*
Iris (Bartiris)
Lavandula
Linaria
Lychnis coronaria
Nectaroscordum siculum subsp. *bulgaricum*
Onopordum
Santolina
Stipa gigantea
Verbascum

Oben: ***Astrantia major* 'Alba'**
Links: ***Ballota pseudodictamnus***

***B.* 'Abendglut'**
In hübschen Rosetten stehendes rundliches Laub mit gekräuseltem Rand, das sich im Winter pflaumenrot und rotbraun verfärbt. Im Frühling halbgefüllte, kräftig rot-pinke Blüten. 30 cm. Z6.
***B.* 'Admiral'**
Das aufrecht gehaltene, ovale, wetterfeste Laub nimmt im Winter Rot- und Bronzetöne an. Im Frühjahr stehen kirschrosa Blüten recht hoch darüber. 30 cm. Z4.
***B.* 'Ballawley'**
Die Sorte mit den größten Blättern; Frost lässt das glänzende, frischgrüne Laub kupfrig erröten. Im Frühjahr rosarote Blüten an hohem verzweigtem Stängel, zaghafte zweite Blüte im Herbst. 60 cm. Z4.
***B.* 'Beethoven'**
Eine Hybride von Eric Smith. Im April dichte Büschel weißer Blüten mit korallenrotem Kelch, die sich allmählich rosa färben. 30 cm. Z4.
***B.* 'Morgenröte'**
Im Frühjahr große Büschel kirschrosafarbener Blüten über rundlichem Laub in ausladenden Rosetten; im Sommer folgt häufig eine eindrucksvolle zweite Blüte. 45 cm. Z6.
***B.* 'Schneekönigin'**
Dieser Klassiker von Karl Foerster trägt im Frühjahr besonders große, muschelrosa Blüten über ganzjährig grünem Laub. 40 cm. Z4.
***B.* 'Silberlicht'**
Eine Arends-Hybride mit schmucken reinweißen Blüten im Spätfrühling, die zartrosa verblühen. 30 cm. Z6.
***B.* 'Sunningdale'**
Blüht kräftig rosafarben an korallenroten Stängeln; Laub mit schöner Herbst- und Winterfärbung. 30–40 cm. Z6.

BETONICA (Ziest)
***B. macrantha* (Großblütiger Z.)**
Sich langsam verbreiternder Horst aus kräftiggrünem Laub mit gebuchtetem Rand; im Juni malvenrosa Lippenblüten, die in Scheinquirlen an hohen Stängeln sitzen. Wunderbare Pflanze für wasserspeichernden vollsonnigen Boden. 60 cm. Z3.

BLECHNUM (Rippenfarn)
B. chilense
Herrlicher immergrüner Farn mit riesigen, stumpf dunkelgrünen, überhängenden Wedeln; benötigt kühlen, frischfeuchten, kalkfreien Boden. In kalten Gegenden Winterschutz nötig. Verbreitet sich langsam über Wurzelausläufer. 75–90 cm. Z3.

BRUNNERA (Kaukasusvergissmeinnicht)
***B. macrophylla* (Großblättriges K.)**
Blüht im Frühjahr mit winzigen Vergissmeinnichtblüten, bevor die großen herzförmigen grundständigen Blätter ihre volle Größe erreichen; guter Bodendecker in Schatten bis Halbschatten auf wasserspeicherndem Boden. 45 cm. Z3.
***B. macrophylla* 'Hadspen Cream'**
Großes, cremefarben umrandetes, mittelgrünes Laub. 45 cm. Z3.
***B. macrophylla* 'Jack Frost'**
Fast vollständig silbriges herzförmiges Laub mit grünen Adern und grünem Saum. 45 cm. Z3.

Kleine/niedrige Stauden für Schatten:
Ajuga
Aruncus aethusifolius
Cardamine
Corydalis
Dicentra
Epimedium
Geranium macrorrhizum
Lamium
Lysimachia nummularia
Omphalodes
Ophiopogon planiscapus 'Nigrescens'
Pachysandra
Phlox stolonifera
Primula vulgaris
Pulmonaria
Tellima
Tiarella
Uvularia
Vinca
Waldsteinia

Unten: ***Bergenia* 'Schneekönigin'**

BUTOMUS (Blumenbinse)

B. umbellatus
Flachwasserpflanze mit festen, grasartigen Blättern in attraktiven, aufrechten Garben. Zum Hochsommer zartrosa Blütendolden auf hohen Stielen. 120 cm. Z6.

CALAMAGROSTIS (Reitgras)

C. × *acutiflora* 'Karl Foerster' (Gartensandrohr)
Schlanke, straff aufrechte Säule aus schmalen Blütenrispen auf dünnen Halmen, im Herbst und Winter ein unübertroffener vertikaler Blickfang. Bleicht strohfarben aus; steht den ganzen Winter gerade. 150 cm. Z5.

***C. brachytricha* (Diamant-R.)**
Große, elegant zugespitzte Blütenrispen an langen dünnen Halmen, zunächst hellgraugrün mit malvenviolettem Schimmer, später silbrigrosa. Schöner hoher Herbstblüher. 100 cm. Z6.

CALAMINTHA (Bergminze)

***C. grandiflora* (Großblütige B.)**
Wertvolle Randbepflanzung für die sonnige Rabatte auf durchlässigem Boden; rosarote Blüten stehen den Sommer lang über adrettem, frischgrünem Laub. 25 cm. Z6.

CALTHA (Dotterblume)

***C. palustris* 'Alba' (Sumpf-D.)**
Die hübsche weiße Variante der gelben Sumpf-Dotterblume blüht vom zeitigen Frühjahr bis zur Sommermitte. Für nasse Standorte. 15 cm. Z3.

***C. palustris* var. *radicans* 'Flore Pleno'**
Die gefüllte goldgelbe Sumpf-Dotterblume blüht ebenso zeitig im Frühjahr wie die einfache Form, erfreut aber länger. 30 cm. Z3.

CAMASSIA (Prärielilie)

Wertvolle hohe Frühsommer-Zwiebelblüher von den fruchtbaren Wiesenböden Nordwestamerikas für Rabatten und bunte Wiesen. Benötigen sonnigen, wasserspeichernden Boden.

***C. leichtlinii* subsp. *suksdorfii* 'Electra' (Leichtlins P.)**
Öffnet im Frühsommer lavendelblaue Blüten am auffallend großen Blütenstand. 90 cm. Z6.

***C. quamash* (Essbare P.)**
Blüht im Mai dunkelblau an relativ kurzen Stielen. 30 cm. Z5.

CAMPANULA (Glockenblume)

***C. lactiflora* (Riesen-Dolden-G.)**
Überragende Staude mit zahllosen zartblauen Blütenglocken an hohen beblätterten Blütenschäften. Gut zwischen Sträuchern. Blüht zur Sommermitte und nach Rückschnitt erneut. 150 cm. Z7.

***C. latifolia* var. *macrantha* 'Alba' (Wald-G.)**
Hervorragende weiße Form. 120 cm. Z7.

Links: ***Calamagrostis* × *acutiflora* 'Karl Foerster'**
Unten: ***Campanula latifolia* var. *macrantha* 'Alba'**

CARDAMINE (Schaumkraut)
C. *pentaphyllos* (Finger-Zahnwurz)
Willkommener Frühjahrsblüher für schattig-kühlen, wasserspeichernden Boden, eine Verwandte des Wiesen-Schaumkrauts. Nickende, zartfliederfarbene Blüten über hübsch gefingertem Laub. 30–40 cm. Z6.

CAREX (Segge)
***C. elata* 'Aurea' (Goldsegge)**
Wunderbar am Wasserrand oder an einem feuchten Sonnenplatz. Elegante Steife Segge mit leuchtend goldgelbem Graslaub, im Juni überragt von schmalen braunen Blütenständen auf steifen Halmen. 60 cm. Z5.

CARLINA (Silberdistel)
***C. acaulis* subsp. *caulescens* (Krausblättrige S.)**
Im Spätsommer dramatische kurzgestielte Distelblüten über einer dichten Rosette aus tief eingeschnittenen, dornigen dunkelgrünen Blättern. Silberne Hüllblätter umgeben das breite, strohfarbene Blütenkörbchen. Trocknet perfekt. 30 cm. Z7.

CENOLOPHIUM (Baltische Petersilie)
C. denudatum
Über dem vielfach geteilten, dichten Laub der Baltischen Petersilie stehen im Sommer flache cremeweiße Blütenschirme. 80 cm. Z6.

CENTAUREA siehe RHAPONTICUM

CHAEROPHYLLUM (Kälberkropf)
***C. hirsutum* 'Roseum' (Rauhaariger K.)**
Ein wunderbarer frühsommerlicher Doldenblütler mit mehrfach gefiedertem Laub, überragt von verzweigenden Blütenstängeln mit winzigen rosa Blüten in flachen Dolden. Vorzugsweise in Sonne bis Halbschatten auf stickstoffreichem, wasserspeicherndem Boden. 60 cm. Z3.

CHAMAENERION (Weidenröschen)
***C. angustifolium* 'Album' (Schmalblättriges W.)**
Im Spätsommer öffnen sich am hohen Stängel reinweiße, durch einen Stern aus grünen Kelchblättern hervorgehobene Blüten. Mit noch ungeöffneten Knospen darüber und hellgrünen, sterilen Samenkapseln darunter sind die langgestreck-

Ganz oben: ***Chaerophyllum hirsutum* 'Roseum'**
Oben: ***Carlina acaulis* subsp. *caulescens***
Links: ***Carex elata* 'Aurea'**

ten Trauben wochenlang eine Zierde. Breitet sich hartnäckig, aber langsam aus. Bevorzugt sonnigen, frischen bis feuchten Boden. 100–150 cm. Z7.

CHRYSANTHEMUM (Winteraster)
C. 'Clara Curtis'
Einer der besten Spätsommerblüher mit einfachen Blüten in klarem Rosa, die in rundlichen Sträußen beisammenstehen. Alle paar Jahre im Frühjahr teilen. Vollsonniger Standort auf stickstoffreichem, durchlässig-frischem Boden. 75 cm. Z4.
C. 'Emperor of China'
Eine alte Hybride mit kräftig purpurroter Blütenmitte und wunderschön eingerollten Blütenblättern, die mit dem Entrollen zu Silberrosa aufhellen. Zum Ende der Blüte im November ist das Laub kräftig rot überlaufen und geadert. Vorzugsweise auf sonnigem, frischem Boden. 90–120 cm. Z5.

CIRSIUM (Kratzdistel)
C. *rivulare* 'Atropurpureum' (Bach-K.)
Die rubinroten Blüten der attraktiven unbedornten Bach-Kratzdistel ziehen vom Sommer bis in den Herbst die Blicke auf sich. 120 cm. Z6.

CISTUS (Zistrose)
Diese Zistrosen blühen im Juli/August; sie benötigen Sonne und durchlässigen Boden.
C. × *hybridus*
Mittelgroßer Strauch mit hellgrünem, ledrigem Laub und rosa Knospen, die sich zu weißen Schalenblüten öffnen. 120 cm. Z8.
C. *ladanifer* (Lack-Z.)
Mit ihrem dunklen, immergrünen, leicht klebrigen Laub eine ausgezeichnete Hintergrundpflanze für stark durchlässigen Boden; riesige weiße Blüten mit purpurnen Basalflecken rücken sie zur Sommermitte in den Mittelpunkt. 150 cm. Z8.

C. × *purpureus* (Purpur-Z.)
Frischgrünes, leicht runzliges, immergrünes Laub; im Sommer von großen purpurrosa Blüten übersät, jedes Blütenblatt mit purpurrotem Basalfleck. 120 cm. Z8.

COLCHICUM (Herbstzeitlose)
C. *speciosum* 'Album'
Wertvolle Sorte für den sonnigen Standort auf wasserspeicherndem Boden, mit großen, hellgrün gestielten, herrlich weißen rundlichen Kelchblüten. 15 cm. Z6.
C. *speciosum* 'Atrorubens'
Seltene purpurrosa Form mit purpurn überlaufenen Blütenstielen. Volle Sonne. 15 cm. Z6.
C. 'The Giant'
Herbstblühendes Zwiebelgewächs mit auffallend großen, wetterfesten Blüten in hellem Malvenrosa. Vermehrt sich willig. Am besten in Sonne bis Halbschatten. 20 cm. Z6.

Oben: **Cirsium *rivulare* 'Atropurpureum'**
Unten: ***Colchicum* 'The Giant'**

CORYDALIS (Lerchensporn)
C. cheilanthifolia
Wunderschöne Rosetten aus olivgrünem, fein geteiltem, farnartigem Laub; über einen langen Zeitraum im Frühsommer Blütentrauben in perfekt kombiniertem Hellgelb. 25–30 cm. Z6.
***C. solida* (Gefingerter L.)**
Entzückender zeitiger Frühjahrsblüher, der viel zu schnell vergeht. Treibt aus einer festen Wurzelknolle tief eingeschnittenes graublaues Laub und dazu passende zarte, rosa-purpurne Blüten. Braucht wasserspeichernden Boden und Halbschatten. 20 cm. Z5.
***C. solida* subsp. *solida* 'Beth Evans'**
Bezaubernde Auslese mit farnartigem Laub und beeindruckenden hellrosa Blüten. Bevorzugt Halbschatten. Das Laub zieht zum Frühjahrsende ein. 15 cm. Z6.

CRAMBE (Meerkohl)
***C. cordifolia* (Riesen-Schleierkraut)**
Aus der riesigen grünen Blattrosette entspringen im Juli kahle, verzweigte Stängel mit großen Wolken weißer Blütensterne, wie ein riesiges Schleierkraut. Benötigt Sonne und wasserspeichernden Boden. 180 cm. Z7.

CRINUM (Hakenlilie)
***C. × powellii* (Kaplilie)**
Spätsommerlicher Zwiebelblüher mit großen, rotgestielten purpurrosa Lilienblüten am kräftigen Schaft; blüht wochenlang. Am besten vor einer warmen Wand. Braucht Sonne und durchlässigen, konstant feuchten Boden ohne winterliche Staunässe; im Winter mit Kompost mulchen. Gute Kübelpflanze. 120 cm. Z8.
***C. × p.* 'Album'**
Große, wohlgeformte reinweiße Lilienblüten. Ebenso süß duftend wie die erstgenannte. 120 cm. Z8.

CROCOSMIA (Montbretie)
***C. × croscosmiiflora* 'Honey Angels' (Garten-M.)**
Öffnet im Spätsommer zahllose sonnengelbe Blüten. Braucht Sonne und durchlässigen Boden. 60 cm. Z7.
***C.* 'Lucifer'**
Beeindruckende Staude mit steif gefältelten Blattschwertern, darüber von Juni–Juli große, leuchtend feuerrote Blüten. 120 cm. Z7.

Unten: ***Crocosmia* 'Lucifer'**
Links darunter: ***Corydalis cheilanthifolia***
Rechts darunter: ***Cyclamen hederifolium***

Oben links: ***Darmera peltata***
Oben rechts: ***Cynara cardunculus***

CYCLAMEN (Alpenveilchen)
***C. coum* (Vorfrühlings-A.)**
Variable Art mit grünem oder silbrig marmoriertem, rundem oder nierenförmigem Blatt. Öffnet ab dem Frühling seine Blüten in Farbtönen von Weiß bis kräftig Purpurrot. 5 cm. Z4.
***C. hederifolium* (Neapolitanisches A.)**
Auch als Herbst-A. bezeichnet. Große, attraktive, silbern gezeichnete Blätter und Blüten in Farben von Weiß (*C. h.* 'Alba') bis Pink. Versamt sich willig, sofern es ungestört bleibt. 10 cm. Z4.

CYNARA (Artischocke)
***C. cardunculus* (Kardy)**
Die Wilde Artischocke zieht mit dem übergebogenen, kühn eingeschnittenen silbergrauen Laub alle Blicke auf sich; über dem großen Blätterbusch stehen kräftige Schäfte mit großen, neonblauen Distelblüten. Bis 200 cm. Z7.

DARMERA (Schildblatt)
D. peltata
Treibt im Frühjahr aus dicken Rhizomen hohe Stängel mit abgeflachten hellrosa Blütentellern; es folgen bis 30 cm große grüne, gebuchtete Schirmblätter. Für feuchte sonnige Böden. 60–90 cm. Z5.

DESCHAMPSIA (Schmiele)
***D. cespitosa* 'Goldschleier' (Rasen-S.)**
Sehr schöne Sorte, sei es in Gruppen im Gehölzbeet oder als Begleitung niedrigerer Stauden. Ab der Sommermitte überragen zarte, durchsichtig silbrig-grüne Grasblüten an zahlreichen Halmen die dichten Kissen aus schmalem, überhängendem Graslaub. Blütenwolke und Halme verfärben sich leuchtend strohblond. Braucht einen sonnigen Standort, der nicht austrocknet. 120 cm. Z5.

DIANTHUS (Nelke)
Die hier genannten Nelken bilden am sonnigen, trockenen Standort mit durchlässigem Boden eine dichte, adrette Bodendecke. Die meisten blühen zur Sommermitte.
***D. deltoides* (Heide-N.)**
Trägt über ihrem dichten, dunkelgrünen Laubrasen zahllose kleine purpurrote Blütensterne auf dünnen Stielen. Entzückend zu Thymian. 20 cm. Z3.
***D.* 'Mrs Sinkins'**
Stark duftende alte Sorte mit gefüllter, fransiger rahmweißer Blüte – die klassische Wegbordüre des Cottage-Gartens. 30 cm. Z5.

Mittelhohe/hohe Stauden für Schatten:
Actaea
Anemone × hybrida
Angelica
Aruncus dioicus
Astrantia
Cenolophium denudatum
Digitalis
Hosta
Kirengeshoma
Lamprocapnos spectabilis
Ligularia
Lysimachia
Maianthemum
Persicaria
Polygonatum × hybridum
Rheum
Rodgersia
Veratrum

DIASCIA (Doppelhörnchen)

D. integerrima

Von Sommer bis Frühherbst neigen sich die festen, graugrün beblätterten Stiele unter der lachsrosa Blütenlast. 45 cm. Z8.

***D.* 'Ruby Field'**

Eine schöne Auslese mit schwebenden lachsfarbenen Blüten über einem adretten, niedrigen grünen Blattrasen. Hochsommerblüher. 15 cm. Z7.

DICENTRA (Tränendes Herz)

***D. formosa* 'Langtrees' (Kleines T. H.)**

Über weichen Kissen aus tief eingeschnittenem, fast blauem Laub baumeln im Frühjahr und Frühsommer kleine, cremefarbene Blüten mit rosa Akzent an rosigen Stängeln. Mag es kühl. 30 cm. Z4.

DIGITALIS (Fingerhut)

***D. ferruginea* (Rostiger F.)**

Ausdauernder Fingerhut, der zur Sommermitte hohe, dicht mit rundlichen Knospen besetzte Blütenschäfte empor schickt, an denen sich kurze, braun geaderte kupfergelbe Blütenröhren öffnen. Sonne bis Halbschatten auf durchlässigem Boden. 90 cm. Z5.

***D. lutea* (Gelber F.)**

Kleine, schlanke, hellgelbe Blüten an hohen Schäften. 120 cm. Z4.

D. parviflora

Kleine kupferfarbene Blüten an einem kurzen, kräftigen Blütenschaft. 60 cm. Z5.

***D. purpurea* fo. *albiflora* (Roter F.)**

Weiß blühende Form, bevorzugt Halbschatten. 120 cm und mehr. Z3.

DIPSACUS (Karde)

***D. fullonum* (Wilde Karde)**

Die zweijährige heimische Wilde Karde ist an Blättern wie Stängeln bestachelt. Im zweiten Jahr öffnen sich am köpfchenförmigen Blütenstand hellviolette oder weiße Blüten. Als Trockenblume geeignet. Stieglitze lieben sie. 150 cm. Z5.

D. inermis

Eine bei Faltern sehr beliebte, etwas derbe ausdauernde Staude mit halbrunden rahmweißen Blütenköpfen auf kräftigen Stielen, die sich zum Herbst in kuppelförmige Samenstände verwandeln. Benötigt wasserspeichernden Boden. 140 cm. Z6.

DISPORUM (Feenglöckchen)

***D. sessile* 'Variegatum'**

Aus dem sich über Seitensprosse ausbreitenden sternförmigen Rhizom treiben schlanke, mit dekorativ rahmweiß gestreiftem, frischgrünem Laub besetzte Stiele. Im Frühjahr baumeln unter den Blättern grün-weiße Glockenblüten.

Ganz oben: ***Dipsacus fullonum***
Oben: ***Diascia integerrima***
Links: ***Digitalis purpurea* fo. *albiflora***

Bevorzugt Halbschatten und wasserspeichernden Boden. 30–50 cm. Z7.

DRYOPTERIS (Wurmfarn)
***D. filix-mas* (Gewöhnlicher W.)**
Abgesehen von sehr staunassen Böden toleriert der Gewöhnliche Wurmfarn fast jeden Standort; zugleich ist dies die einzige Art, die ziemlich trockenen Schatten erträgt. Die charakteristischen, beim Entrollen hellgrünen Farnwedel werden allmählich dunkler und sind mehr oder weniger wintergrün. 90–120 cm. Z2.

ECHINACEA (Scheinsonnenhut)
***E. purpurea* (Roter S.)**
Eindrucksvolle Staude mit schönem, dunklem Laub an standfesten verzweigten Stängeln. Lange, breite, purpurrosa Zungenblüten umgeben den orangebraunen körbchenförmigen Blütenstand. Blüht ab dem Hochsommer über einen langen Zeitraum. 90 cm. Z3.

ECHINOPS (Kugeldistel)
***E. ritro* 'Veitch's Blue' (Ruthenische K.)**
Hohe, statueske Staude mit glänzendem, ledrigem, stachelspitzigem Laub und kugelrunden, festen, stahlblauen Blütenköpfen. Bevorzugt Sonne und mageren Boden. 120 cm. Z6.

EPILOBIUM siehe ZAUSCHNERIA

EPIMEDIUM (Elfenblume)
Sehr wertvolle, schöne Blattschmuckstaude, die sich in frisch-humosem lockerem Mull zu einer hervorragenden Bodendecke ausbreitet, jedoch auch in trockenem Schatten gedeiht. Rückschnitt im zeitigen Frühjahr, um die zarten, an Akeleien erinnernden Blüten zur Geltung zu bringen.
E. × rubrum
Ausgezeichneter Bodendecker für Schatten und Gehölzrabatten. Das elegante, am drahtigen Stiel gehaltene herzförmige Blatt entrollt sich bronzefarben überhaucht, um danach zu vergrünen und im Herbst kräftig braunrote Töne anzunehmen. Rot-weiße Blüten im Frühling. 25 cm. Z5.
***E. × youngianum* 'Niveum'**
Über dem adrett versammelten, relativ kleinformatigen, zart mokkafarbenen Frühjahrslaub schwebt eine Wolke aus reinweißen Blütensternen. Unbezahlbar. 25 cm. Z5.

ERANTHIS (Winterling)
E. hyemalis
Im Februar bezaubernde sonnengelbe Blüte über einem leuchtendgrünen Blätterkragen. Vermehrt sich ausschließlich durch Aussaat (anfangs nur zögerlich). Überdauert als Sprossknolle. 5–10 cm. Z5.

Unten: ***Eranthis hyemalis***
Links darunter: ***Echinacea purpurea***
Rechts darunter: ***Echinops ritro* 'Veitch's Blue'**

EREMURUS (Steppenkerze)
Auffällige gerade, unverzweigte Blütenschäfte, die im oberen Bereich dicht an dicht mit winzigen Blütensternen besetzt sind. Es gibt mehrere Arten und Hybriden, die sich in ihrer Größe und Farbgebung – weiß, rosa, gelb – unterscheiden. Am spektakulärsten ist wohl *E. robustus*. 250 cm. Z5.

ERIGERON (Berufkraut)
***E.* 'Dimity'**
Über einem adretten immergrünen Laubkissen öffnen sich zur Sommermitte immer wieder neue, zartmalvenrosa Margeritenblüten. Schön in Kombination mit Günsel, ideal für den Beetrand. Bevorzugt Sonne und frischen Boden. 30 cm. Z7.
***E. karvinskianus* (Spanisches Gänseblümchen)**
An drahtigen Stielen öffnen sich zierliche weiße Margeritenblümchen, die rosa verblühen. Versamt sich im Hochsommer freigiebig in Mauer- und Pflasterritzen. 30 cm. Z7.

ERIOPHYLLUM (Wollblatt)
***E. lanatum* (Großköpfiges W.)**
Wertvoller Bodendecker für durchlässigen, sonnigen, trockenen Boden, wo sich das fiederschnittige silbrig-weiße Laub im Nu ausbreitet; dazu vom Spätfrühling bis Frühsommer kräftig sonnengelbe Margeritenblüten. 30 cm. Z7.

ERYNGIUM (Mannstreu)
E. agavifolium
Spektakuläre Blattschmuckpflanze mit breiten, riemenförmigen, spitz gezähnten hellgrünen Blättern in großen Rosetten, aus denen verzweigte Blütenstängel mit grünlichweißen walzenförmigen Blütenköpfen entspringen. 150 cm. Z6.
***E. bourgatii* (Spanischer M.)**
Tief eingeschnittene, silbern geaderte und gefleckte Basalblätter mit aufgerolltem Rand und dornigen Spitzen setzen sich gegen den trockenen Boden ab. Im Sommer erheben sich darüber verzweigte Stiele mit blau-grünen Blüten. 60 cm. Z6.

Oben: ***Erigeron karvinskianus***
Unten links: ***Eremurus*-Hybride**
Unten Mitte: ***Eryngium bourgatii***
Unten rechts: ***Erythronium dens-canis***

E. giganteum **(Elfenbein-M.)**
Die von Miss Willmott in englischen Gärten verstreute Art mit zapfenförmigen, silbermetallic-grünen Blütenköpfen über silbrig-blaugrünen Hochblättern. Gute Trockenblume. 75 cm. Z6.
E. planum **(Flachblättriger M.)**
Umfangreiche Sträuße fingerhutgroßer, von stachligen Hüllblättern umgebener Blütenköpfe auf schlanken Stängeln. Stiele und Blüten dunkelblau. 90 cm. Z6.
E. × tripartitum
Im Hochsommer zahlreiche zapfenförmige blaue Blütenköpfe mit stachligen blauen Hüllblättern auf drahtigen, reich verzweigten Stängeln. 60 cm. Z6.
E. variifolium
Über der attraktiven, flachen Rosette aus hell geadertem grünem Laub stehen im Spätsommer kleine Blütenköpfe; die Hüllblätter wie auch das schmale Stängellaub sind stachlig und metallisch-glänzend. 45 cm. Z7.

ERYTHRONIUM (Hundszahn)
Sämtliche Arten dieser Gattung bevorzugen frisch-humosen, lockeren Boden im Halbschatten.
E. californicum **'White Beauty' (Kalifornischer H.)**
Hellcremefarbene lilienartige Blüten mit zurückgebogenen Blütenblättern, rot getupftem Schlund und rahmweißen Staubbeuteln. Dazu breites, hell-/dunkelgrün marmoriertes glänzendes Laub mit gewelltem Rand. 25 cm. Z5.
E. dens-canis **(Europäischer H.)**
Die zarten Blüten erinnern mit ihren in der Frühlingssonne zurückgeschlagenen lilarosa Blütenblätter an Alpenveilchen; das schokoladenbraune, mattgrün gefleckte Laub ist nicht minder attraktiv. Bildet in Waldhumus nach und nach Bündel elfenbeinfarbener spitzer Zwiebeln. 15 cm. Z5.

Ganz oben: ***Eupatorium purpureum*** **subsp.** ***maculatum*** **'Atropurpureum'**
Oben links und rechts: ***Euphorbia characias*** **subsp.** ***wulfenii***

EUPATORIUM (Wasserdost)
E. cannabinum **'Flore Pleno' (Wasserhanf)**
Diese schöne Form schmückt sich im Spätsommer und Herbst wochenlang mit rosa Blütenschirmen, die in Gruppen auf hohen, belaubten Stängeln stehen. 150 cm. Z5.
E. purpureum **subsp.** ***maculatum*** **'Atropurpureum' (Purpur-W.)**
Eine Form mit dunkleren Stielen und Blüten in kräftigerem Lilarosa auf etwas kürzeren Stängeln als die Art. 150 cm. Z4.

EUPHORBIA (Wolfsmilch)
E. amygdaloides **var.** ***robbiae*** **(Robb-W.)**
Gedeiht sogar in trockenem Schatten. Auf frisch-humosem Boden kennt sie kein Halten, was sie für sehr kleine Gär-

ten eher ungeeignet macht. Im Frühjahr und Sommer stehen über den adretten dunkelgrünen Blattrosetten gelbgrüne Blütentriebe, die zum Herbst Bronzetöne annehmen. Schöner immergrüner Bodendecker. 60–75 cm. Z7.

***E. characias* subsp. *wulfenii* (Mittelmeer-Palisaden-W.)**
Schöne immergrüne Staude aus der östlichen Mittelmeerregion, die unseren Mediterranen Garten mitprägt. Die hohen, mit blaugrau-grünem Laub besetzten Stängel stehen als dichter Busch beisammen. Von März bis Mai trägt jeder Stängel einen großen gelbgrünen Blütenstand. Windschutz hilfreich. Die robustere westliche Form *E. characias* subsp. *characias* blüht stumpfgrün mit schwarzdüsterem Auge. 90–120 cm. Z7.

E. cornigera
Schmückt sich im Hochsommer wochenlang mit kleinen, dichten, leuchtend gelbgrünen Blütenständen, zunächst ein einzelner endständiger, dann immer mehr auf neuen Seitentrieben, bis ein lockerer Strauß entsteht. Adrettes Laub mit weißer Mittelader. Mehrere Triebe pro Pflanze. Braucht einen frisch-humosen, halbschattigen Standort. 90 cm. Z6.

***E. epithymoides* (Bunte W.)**
Eine der besten Arten, bildet den ganzen Frühling ein adrettes, dichtes, mit messinggelben Blütenständen besetztes Kissen. Die gesamte Pflanze nimmt im Herbst korallenrote Farbtöne an. 30–40 cm. Z6.

***E. epithymoides* 'Major'**
Wirkt im Frühling wie eine größere Ausgabe der Art, mit üppigerem Laub. Bei Rückschnitt späte Nachblüte. 45 cm. Z6.

***E. griffithii* 'Fireglow' (Griffiths W.)**
Tomatenrote Hochblätter zum rot geaderten mittelgrünen Laub an orangebraunen Stängeln. Gedeiht am vollsonnigen, vorzugsweise frischen Standort. Blüht im Sommer. 80 cm. Z5.

***E. myrsinites* (Walzen-W.)**
Aus einer gemeinsamen Mitte entspringen mehrere ringsum mit bereiftem blaugrünem Laub besetzte, niederliegende Triebe, die im Frühjahr in einen großen gelbgrünen, später apricot akzentuierten Blütenstand münden. 15 cm. Z6.

***E. palustris* (Sumpf-W.)**
Wächst als gut meterbreiter Busch mit zahlreichen laubbesetzten Stängeln, auf denen im Frühjahr und Frühsommer wochenlang große, flache, grün-goldene Blütenstände stehen. Kann vor dem herbstlichen Laubfall leuchtende Rot-, Creme- und Orangetöne annehmen. Benötigt feuchten Boden. 90–120 cm. Z5.

***E. seguieriana* (Steppen-W.)**
Diese hervorragende Staude übernimmt

Zwiebeln, Farne, Gräser für Schatten:

Zwiebeln
Arum
Colchicum
Erythronium
Fritillaria
Galanthus
Leucojum
Narcissus

Farne
Adiantum
Asplenium
Athyrium
Dryopteris
Polypodium
Polystichum

Gräser
Hakonechloa
Melica
Milium effusum 'Aureum'

Unten links: ***Euphorbia griffithii* 'Fireglow'**
Unten Mitte: ***Euphorbia epithymoides***
Unten rechts: ***Euphorbia myrsinites***

von *E. epithymoides* – drei Monate lang trägt sie auf zahllosen dünnen Trieben herrlich gelbgrüne Blütenstände zum schmalen graublauen Laub. 45 cm. Z5.

E. sikkimensis

Treibt im Februar/März grundständige rubinrote Blattrosetten, aus denen im Nu lange, biegsame Triebe hervorgehen, während die Blätter hell vergrünen und von Ende Juli bis September mit ihrer weißen Mittelader und roten Stielen für eine frische Note sorgen. Blüht ab Anfang Juli; ab August blaugrüne Samenkapseln über kontrastierenden gelbgrünen Hochblättern. 120–150 cm. Z6.

EURYBIA (Aster)

***E. divaricata* (Syn. *Aster divaricatus*) (Weiße Wald-A.)**

Gertrude Jekyll zeigte uns einst, wie sich die dünnen, glänzend schwarzen Stiele mit den duftigen Sträußen aus winzigen rosig-weißen Asternblüten durch Bergenien stützen lassen. 60 cm. Z4.

FESTUCA (Schwingel)

***F. glauca* 'Elijah Blue' (Blau-S.)**

Eine starke Variante mit nadelartig eingerolltem, kräftig graublauem Laub; unübertroffen für heiße, trockene Lagen. 25 cm. Z5.

FOENICULUM (Fenchel)

***F. vulgare* 'Purpureum' (Bronze-F.)**

Duftige Wolke aus fein geschlitztem bronzefarbenem Laub an hohen, grünen Schäften. Im Spätsommer gelbe Blütendolden wie beim Wiesen-Kerbel. Den ganzen Sommer und Herbst schön anzusehen. Braucht durchlässigen Boden und Sonne. 200 cm. Z5.

FRITILLARIA

F. acmopetala

Am hohen, eleganten Stiel baumeln grünliche Glockenblüten mit dunkelbrauner Zeichnung. Versamt sich reichlich, doch junge Zwiebeln gelangen nur langsam zur Blüte. Für durchlässigen, sonnigen Boden. 50–60 cm. Z7.

F. camschatcensis

Eine außergewöhnliche Fritillarie für humosen, lockeren Boden in Sonne bis Halbschatten. Die seltsame Zwiebel wirkt wie ein Reisbällchen. Einzelne Bulbillen lassen sich ablösen und topfen, bis sie nach mehreren Jahren blühen. Die glänzend grünen Blätter stehen wirtelig um den Stängel, an dem sich im Mai mehrere bis 3 cm große Glockenblüten mit tiefschwarzer, glatter Außen- und rötlich-schokoladenbrauner, stark geriefter Innenseite öffnen. 30 cm. Z4.

***F. imperialis* (Kaiserkrone)**

Eine der ersten Zwiebeln, die im Frühjahr treiben und sich schon im März durch ihren starken Geruch bemerkbar machen. Die glänzenden, leicht verdrehten Blätter sind spiralförmig am dicken Schaft angeordnet, dessen obere, violette Hälfte unbelaubt bleibt. Den Schaft krönt ein Büschel schmaler, grüner Blätter über einem Kranz aus wachsartigen orangefarbenen Blütenglocken; eine andere Form blüht gelb. Ungestört kann die Zwiebel die Größe einer Grapefruit erreichen. 120 cm. Z4.

Oben: ***Fritillaria imperialis***

***F. meleagris* (Schachblume)**
Die Schachblume, auch Kibitzei genannt, ist ganz pflegeleicht, solange ihr Platz den Sommer über frisch bleibt. Karierte, sich leicht verjüngende Blütenglocken mit kantigen „Schultern" baumeln von dem sparsam mit schmalen blaugrünen Blättern besetzten Stängel. Blüht von April bis Mai. 25 cm. Z4.
***F. persica* (Persische Kaiserkrone)**
Trägt zahlreiche bereifte, pflaumenblaue Blütenglocken am hohen belaubten Schaft. Wenn dieser sich unter dem Gewicht der Blüten neigt, ist ein hoher Nachbar zum Anlehnen schöner als ein Anbindestab. Braucht durchlässigen Boden vor einer warmen Mauer. 90 cm. Z5.
F. verticillata
Die aus den Zwiebelgruppen treibenden schlanken Stiele sind mit blaugrünen, nach oben hin immer schmaleren Blattwirteln besetzt; die obersten Blätter laufen in Ranken aus. Im April öffnen sich aufgespreizte weißgrüne, innen mit braunem Karo gezeichnete Blütenglocken. Jede Zwiebel produziert mehrere Nebenzwiebeln. Nach einer Anlaufzeit zeigen etablierte Pflanzen am warmen, durchlässigen, nährstoffreichen Standort reiche Blüte. 45 cm. Z5.

GALANTHUS (Schneeglöckchen)
In der Natur überraschen Schneeglöckchen mit einer erstaunlich großen Artenvielfalt. Zugleich entstanden während jahrhundertelanger Gartenkultur zahlreiche Hybriden und Auslesen. Manche Unterschiede sind nur bei genauem Hinsehen erkennbar, doch es wurden viele schöne Formen erhalten, darunter grün gezeichnete oder besonders großblütige einfache Formen sowie dicht gefüllte Varianten. 10–20 cm.
***G. elwesii* 'Cedric's Prolific' (Großblütiges S.)**
Außergewöhnliche Sorte mit großer einfacher Blüte am langen Stiel über bis zu daumenbreitem graugrünem Laub stammt aus dem Garten von Cedric Morris. Bildet rasch dichte Tuffs. 30 cm. Z6.
G. 'Hippolyta'
Rundliche, gefüllte Blüte mit grün gezeichnetem Petticoat. Blüht spät. 20 cm. Z4.
G. 'James Backhouse'
Vital und früh mit auffällig langen Kelchblättern. 30 cm. Z4.
G. 'Lady Beatrix Stanley'
Große, wohlgeformte gefüllte Blüte mit langen, schmalen Kelchblättern und adrettem, mehrlagigem weißem Petticoat mit feinem grünem Rand. Blüht früh und vermehrt sich eifrig. 20 cm. Z4.
G. 'S. Arnott'
Spreizt in der Wintersonne die gerundeten Kelchblätter ab, sodass die kräftige grüne Zeichnung am Ende der Kronblätter sichtbar wird; duftende, bis 5 cm große Blüte. Vermehrt sich gut. 25 cm. Z4.

GALTONIA (Sommerhyazinthe)
G. candicans
Elegant im Garten wie in der Vase, mit großen, wachsweißen Glockenblüten am hohen Stängel, fast wie eine Riesen-

Oben links: ***Fritillaria persica***
Oben rechts: ***Fritillaria meleagris***

hyazinthe. Blüht von Juli bis September. Frühlingspflanzung empfohlen. Braucht Sonne und durchlässigen Boden. 120 cm. Z7.

G. princeps
Ansehnliches breites, graugrünes riemenförmiges Laub. Hellgrüne feste Blütenglocken am standfesten Stängel, zeitiger als *G. candicans*. 60 cm. Z7.

G. viridiflora
Blüht im September-Oktober, viel später als die anderen beiden. Die weit geöffneten zartgrünen Blütenglocken sind im Garten ebenso markant wie im Strauß. 90 cm. Z7.

GAURA siehe OENOTHERA

GENTIANA (Enzian)

***G. asclepiadea* (Schwalbenwurz-E.)**
Bezaubert mit zahlreichen schlanken Stängeln, die sich im Frühherbst unter dem Gewicht enzianblauer Blüten in den Achseln der länglichen glänzenden Blätter beugen. Am besten halbschattig auf wasserspeicherndem Boden. 60 cm. Z6.

GERANIUM (Storchschnabel)
Wertvolle Gattung sowohl als Füllpflanzen zwischen dominanten Stauden als auch als Hingucker, wenn sie selbst in Blüte stehen. Die folgenden zählten zu Beths Lieblingsarten und -sorten:

***G. cinereum* 'Ballerina' (Grauer S.)**
Bezaubernde kleine Sorte. Im Sommer wochenlang große, knittrige, zart lilarosa Blüten mit Aderung und Auge in Schwarzpurpur über einem adretten Kissen aus rundlichem, eingeschnittenem, graugrünem Laub. 15 cm. Z5.

***G. endressii* (Rosa S.)**
Blüht von Juni bis Spätherbst in unterschiedlichen Pinktönen über hellapfelgrünen Laubkissen. 40 cm. Z5.

***G. macrorrhizum* (Felsen-S.)**
Das duftende Laub schließt sich zur Unkraut unterdrückenden Bodendecke; blüht im Mai. Im Herbst färben sich einige Blätter bunt, der Rest bleibt den ganzen Winter grün. Es gibt diverse Varianten in allen möglichen Rosatönen, von Rosigweiß bis Magenta. 30 cm. Z4.

Stauden für trockenen Schatten:
Arum
Brunnera
Cyclamen
Dicentra formosa
Digitalis
Dryopteris
Epimedium
Euphorbia amygdaloides var. *robbiae*
Geranium endressii
Geranium macrorrhizum
Helleborus foetidus
Lamium
Liriope
Melica
Pachysandra
Polygonatum
Polystichum
Symphytum
Tellima
Vinca

Oben: ***Galanthus* 'Hippolyta'**
Rechts: ***Galanthus* 'James Backhouse'**

Oben: ***Geranium psilostemon***
Links: ***Geranium* Rozanne = 'Gerwat'**

***G. psilostemon* (Armenischer S.)**
Die ausladende, reich belaubte Staude blüht im Juni magentafarben mit indigofarbenem Auge. 90 cm. Z6.

***G.* Rozanne = 'Gerwat'**
Große violettblaue Blüte mit weißem Auge; blüht vom Mai bis zum Frost. Ein echter Showstopper. 45 cm. Z4.

***G. sylvaticum* 'Album' (Wald-S.)**
Lockerer Horst aus weichem, tief eingeschnittenem Laub; blüht im Frühjahr reinweiß. 60 cm. Z4.

GEUM (Nelkenwurz)

***G. coccineum* 'Borisii' (Prinz-Boris-N.)**
Langsam sich verbreiternder Horst aus behaartem, rundlichem, sattgrünem Laub. Im Frühsommer und manchmal erneut im Spätsommer einfache Blüten in ungewöhnlichem, kräftigem Orangerot, ein starker Kontrast zum Laub. Benötigt wasserspeichernden Boden und Sonne. 30 cm. Z4.

GILLENIA (Dreiblattspiere)

***G. trifoliata* (Nördliche D.)**
Grazile Staude für halbschattige bis sonnige Situation auf kühlem, wasserspeicherndem Boden. Kleine dreiteilige Blätter am schlanken, rotbraunen Stiel, darüber im Juni weiße Blüten mit schmalen Blütenblättern, die in der Dämmerung wie schwebende Falter wirken. Die rotbraunen Blütenkelche bleiben noch wochenlang erhalten. 90 cm. Z4.

GLADIOLUS

G. papilio
Bezaubernder Spätsommer- und Herbstblüher. Hohe Stängel mit nickenden Blüten über graugrünen, schmalen Blattschwertern; die schlanken Knospen zeigen sich wie die Rückseiten der Kronblätter cremefarben, grün und grauviolett schattiert. Im Blüteninnern stehen blaue Staubbeutel; die unteren Blütenblätter tragen ein „ausgefranstes“ Auge in Violett und Grüngelb, wie ein Schmetterlingsflügel. Vermehrt sich willig. Braucht Sonne und warmen, durchlässigen Boden. 90 cm. Z8.

GLANDULARIA
G. *corymbosa*
(Syn. *Verbena corymbosa*)
Ein erstaunliches Eisenkraut, denn es bevorzugt feuchten, wasserspeichernden Boden, den es mit niederliegenden verzweigenden Trieben erobert. Wertvolle Zwischenpflanzung für *Trollius*, *Rudbeckia* oder auch niedrige Weidenarten. Trägt ab dem Hochsommer wochenlang violettblaue Blüten. Volle Sonne. 30 cm. Z8.

GLAUCIUM (Hornmohn)
G. *flavum* var. *aurantiacum* (Roter H.)
Im Sommer und Herbst orangerote Blüten über großen Rosetten graublauer, tief eingeschnittener Blätter, gefolgt von hornförmigen Samenkapseln. Braucht Sonne und durchlässigen Boden. 60 cm. Z7.

GLYCERIA (Schwaden)
G. *maxima* var. *variegata* (Großer S.)
Schönes Gras für den Wasserrand oder schweren, wasserspeichernden Boden. Das breite, riemenförmige Laub ist gelb-weiß gestreift und im Frühjahr und Herbst rosig überlaufen. 60 cm. Z5.

GUNNERA (Mammutblatt)
G. *magellanica*
Ein Winzling, der mit seinen kleinen, runden, kräftig geaderten Blättern auf feuchtem Boden eine dichte Bodendecke bilet. 10 cm. Z8.
G. *manicata*
Das größte Blatt für gemäßigte Zonen stammt aus tiefen Tallagen in Südbrasilien, wo es auf nährstoffreichem Auenboden gedeiht. Vom Blütenstand zweigen ringsum lange, fingerförmige, biegsame Blütentrauben ab, die zunächst bräunlich grün erscheinen, bis die winzigen runden Samenkapseln orange ausreifen. 250 cm. Z8 (mit winterlicher Laubschüttung).

GYPSOPHILA (Schleierkraut)
G. *repens* ‚Dubia'
Über einem niedrigen, dichten grünen Laubteppich steht von Mai bis Juni eine Wolke rosig-weißer Blüten an dunkelroten Stielen. 10 cm. Z5.

Oben: ***Glaucium flavum* var. *aurantiacum***

Oben: ***Gillenia trifoliata***
Rechts: ***Gunnera manicata***

Links außen: ***Gypsophila paniculata***
Links: ***Hakonechloa macra* 'Aureola'**
Unten: ***Helleborus niger***
Ganz unten: ***Helleborus × hybridus***

G. paniculata
Die beliebte alte Gartenstaude treibt im Hochsommer eine Wolke winziger weißer Blüten auf einem Gewirr von Stielen. 120 cm. Z4.
***G.* 'Rosenschleier'**
Beeindruckende Wolken aus hellrosa gefüllten Blüten im Spätsommer oder Herbst. Braucht ebenfalls Sonne und durchlässigen Boden. 30 cm. Z3.

HAKONECHLOA (Japangras)
***H. macra* 'Aureola'**
Sorgt regelmäßig für Begeisterung: Die an Halmen getragenen bronzeschimmernden, wie Seidenbänder grün-goldbeige gestreiften Blätter bilden einen weichen Horst von etwa 30 cm Höhe. Will auf wasserspeicherndem Boden kühl, aber nicht zu schattig stehen. Z7.

HAPLOPAPPUS
H. glutinosus
Orangegelbe Margeritenblüten übersäen von August bis zum ersten Frost das immergrüne Kissen aus dunkelgrünem, fein zerteiltem Laub. Überspielt Mauer- oder Stufenkanten ganz wunderbar. Mag Sonne, braucht zwingend durchlässigen Boden. 15 cm. Z8.

HELICTOTRICHON (Wiesenhafer)
***H. sempervirens* (Blaustrahl-W.)**
Stahlblauer Blatthorst mit haferartigen Blütenrispen auf weit übergeneigten stahlblauen Halmen. Wertvoller Formkontrast zu anderen graulaubigen Pflanzen. Braucht für optimale Ausfärbung einen trockenen Sonnenplatz. 120 cm. Z5.

HELLEBORUS (Nieswurz)
***H. argutifolius* (Korsische N.)**
Eine von Beths Lieblingspflanzen. Der dichte Horst aus gekieltem jadegrünem Laub sinkt im Winter zu Boden, um dem Neutrieb Platz zu machen. Reckt im Frühjahr hellgrüne Schalenblüten empor. Gedeiht auf nährstoffreichem Boden in voller Sonne wie im Halbschatten. 60–75 cm. Z7.
***H. foetidus* (Stinkende N.)**
Farblich ähnlich auffällig wie die vorgenannte Art und doch ganz anders. Fingerhutgroße, kastanienrot gesäumte

Links außen: ***Helleborus* × *hybridus* (gefüllte Form)**
Links: ***Helleborus argutifolius***

Blütenglocken in hellstem Grün nicken über dem adretten niedrigen Horst aus fächerförmig gefingerten, dunkelgrünen Blättern. Seltsamer Geruch im Winter. 45 cm. Z6.

***H.* × *hybridus* (Lenzrose)**
Schmückt sich im ausgehenden Winter und zeitigen Frühjahr mit einem Blütenüberschwang, die Farben reichen von grünlichem Weiß bis hin zu gedecktem Pflaumenblau und kräftigem Rauchgrau-Violett. Auch die Blütenform ist variabel, von kreisrund aurikelblütig über nickend bis hin zu solchen, bei denen cremefarbene Staubbeutel im Kontrast zu großen pflaumenfarbenen Blütenblättern stehen. Diese Staude bevorzugt kühlen Halbschatten und ist anspruchsloser als die Christrose. Die Blütenknospen zeigen sich Ende Januar, sofern es nicht zu kalt ist; blüht bis April. 45 cm. Z4.

***H. niger* (Christrose)**
Weithin bekannt wird sie schon seit der Römerzeit gezogen. Angeblich bevorzugt sie schweren Boden, doch bei uns gedeiht sie hervorragend im Freiland auf nährstoffreichem, durchlässigem Kiesboden. Wir haben verschiedene Varianten, darunter eine, die rosa abblüht. Der Blatthorst wird rund 30 cm hoch, bei meist kürzeren Blütenstängeln; da wir das alte Laub zum Schutz vor Botrytis bereits im Winter abschneiden, lange vor dem Knospentrieb, stehen die Blüten offen da. Z3.

H. orientalis* subsp. *guttatus
Der Beiname heißt „gefleckt" oder „gepunktet"; es gibt Varianten mit weißen oder dunkelrosa Blüten, die innen kräftig dunkelrot gepunktet sind. Manche pflaumenfarbenen Blüten wiederum wirken wie dunkel überstäubt. 40 cm. Z6.

***H. purpurascens* (Balkan-N.)**
Hat kürzere Blütentriebe als *H.* × *hybridus* mit kleineren, adretten, violetten bis schwarzvioletten Becherblüten mit hellgrünem Inneren. 30 cm. Z6.

***H. viridis* (Grüne Nieswurz)**
Eine subtile sommergrüne Staude mit weit geöffneten erbsengrünen Blüten. 30 cm. Z6.

Stauden für frischen/feuchten (nicht staunassen) Boden in voller Sonne bis lichtem Schatten:
Astilbe
Caltha
Carex elata
Darmera
Eupatorium
Euphorbia palustris
Gunnera
Hemerocallis
Hosta
Iris sibirica
Ligularia
Lysimachia
Lythrum
Miscanthus
Onoclea sensibilis
Osmunda regalis
Persicaria
Primula bulleyana
Zantedeschia

Links außen: ***Hemerocallis* 'Anzac'**
Links: ***Hemerocallis* 'Pink Sundae'**

HEMEROCALLIS (Taglilie)
Taglilien sind in allen außer den trockensten Lagen völlig unkomplizierte Stauden. Sie gedeihen in Sonne wie in Halbschatten und bilden mit ihrer grasartigen Belaubung eine gute Bodendecke.

***H.* 'Anzac'**
Große, weit geöffnete Trompetenblüten, krapprot mit orangefarbenem Schlund. 75 cm. Z5.

***H. dumortieri* (Dumortiers T.)**
Diese Wildart hat im Frühjahr als erste ihren Auftritt. An schlanken Stielen öffnen sich duftende goldgelbe Blüten aus zahllosen dunkelrötlichen Knospen. 60 cm. Z4.

***H. lilioasphodelus* (Gelbe T.)**
Eine hübsche Wildart, die seit dem 16. Jahrhundert in Kultur ist. Öffnet im Frühsommer perfekte, süß duftende Lilienblüten in klarem Hellgelb; wunderbar in Kombination mit blauem oder rosa Storchschnabel. 75 cm. Z4.

***H.* 'Pink Sundae'**
Leicht gerüschte, apricot-rosa Blüte, jedes Kronblatt mit hellem Mittelstreifen. 90 cm. Z5.

HESPERANTHA (Syn. SCHIZOSTYLIS) (Abendblüte)

***H. coccinea* 'Major' (Spaltgriffel)**
Breitet sich mit grasartigen Trieben langsam rasenartig aus. An den schlanken Blütenstängeln öffnen sich im Herbst und an milden Wintertagen aus schmalen Knospen glänzend kirschrote Blüten. Der Spaltgriffel benötigt wasserspeichernden Boden und darf im Sommer nicht trocken stehen; dazu braucht er Wärme und Sonne für eine frühe Blüte. 40 cm. Z7.

***H. coccinea* 'Sunrise'**
Öffnet von Oktober bis Dezember große lachsrosa Blüten. 40 cm. Z8.

HEUCHERA (Purpurglöckchen)

***H.* 'Plum Pudding'**
Rundliches, tief gebuchtetes dunkelpurpurnes Laub mit silberner Marmorierung. Vernachlässigbare weiße Blüten. 45 cm. Z5.

***H. micrantha* 'Palace Purple'**
Überlappendes, dunkelbronze-purpurnes herzförmiges Laub mit unregelmäßig eingeschnittenem Rand. Duftige winzige weiße Blüten an zahllosen drahtigen dunklen Stielen, gefolgt von bronze-rosa Samenkapseln. 50 cm. Z5.

HOSTA (Funkie)

H. fortunei* var. *albopicta
Diese beliebte Gartenstaude bevorzugt tiefgründigen, feuchten Boden und Schatten. Dann erreichen die Blätter 25 cm Länge und 15 cm Breite, bei zar-

Mittelhohe bis hohe Stauden für frischen/feuchten Boden und Sonne:
Achillea
Angelica
Anthemis tinctoria
Aster
Astrantia
Campanula
Chamaenerion
Chrysanthemum
Cirsium
Crocosmia
Dipsacus
Echinacea
Eupatorium
Euphorbia griffithii
Filipendula
Hemerocallis
Hesperantha
Inula
Iris pseudacorus
Kniphofia
Leucanthemum
Ligularia
Lychnis chalcedonica
Lysimachia
Lythrum
Macleaya
Miscanthus
Molinia
Persicaria
Rhaponticum
Rheum
Rudbeckia
Thalictrum
Trollius
Veronicastrum

ter, nahezu durchsichtiger Textur. Das Blatt entrollt mit gelb-weißer Mitte und dunkelgrünem Rand, um bis zum Hochsommer vollständig zu vergrünen. 75 cm. Z5.

H. fortunei* var. *albopicta* fo. *aurea
Das zarte Laub treibt buttergelb, um bis zum Sommer hellgrün zu werden. 45 cm. Z5.

***H. fortunei* 'Albomarginata'**
Mittelgroßes, gerunzeltes Laub in Mittelgrün und Elfenbeinweiß, das bei ausreichend Schatten auf nährstoffreichem Boden ein dramatisches Farbenspiel entwickelt. 75 cm. Z5.

H. fortunei* var. *aureomarginata
Verträgt mehr Licht als die meisen anderen Funkien, sofern der Boden nicht zu trocken ist, und bildet rasch einen stattlichen Horst. Das Farbspiel bleibt bis in den Herbst hinein erhalten. 60 cm. Z5.

***H.* 'Krossa Regal'**
Eine große Funkie mit attraktivem, ausgeprägt parallelnervigem, dunkel graugrünem Laub mit langem Blattstiel. Der Blattrand ist wellig und leicht aufgeworfen, sodass die leicht graublau bereifte Unterseite sichtbar wird. Blüht im Hoch- bis Spätsommer hellviolett an hohen Stängeln. 90–120 cm. Z3.

***H. plantaginea* var. *japonica* (Lilien-F.)**
Die anspruchsvolle und entsprechend selten gezogene Lilien-Funkie benötigt eine feucht-warme Umgebung bis weit in den Herbst hinein. Öffnet im Oktober sehr große, duftende Lilienblüten. Überhängendes, herzförmiges, glänzend gelbgrünes Laub. 60 cm. Z3.

***H. sieboldiana* 'Frances Williams' (Blaublatt-F.)**
Breites, stark gerunzeltes Laub mit hellgelbem Rand, der den ganzen Sommer die Farbe hält. Üppige Halbschattenstaude. 75 cm. Z3.

H. sieboldiana* var. *elegans
Auslese mit breitem Blatt in recht dunklem Graublau, kräftig gerieft und gerunzelt. 75 cm. Z3.

***H.* 'Spinners'**
Breitet sich zu einem imposanten Horst aus überlappendem, breit rahmweiß gesäumtem mittelgrünem Laub aus; ein starker sommerlicher Blickfang. 60 cm. Z5.

***H.* (Tardiana Grp.) 'Halcyon'**
Hält bei uns seine blaue Färbung länger als andere Blaublattfunkien. Im Spätsommer schöne hellviolette Blüten an purpurvioletten Stängeln. 30 cm. Z3.

Unten: ***Heuchera* 'Plum Pudding'**
Links darunter: ***Hosta sieboldiana* 'Frances Williams'**
Rechts darunter: ***Hosta sieboldiana* var. *sieboldiana* 'Spinners'**

***H.* 'Yellow Splash'**
Eine Hybride mit schmalem, lebhaft mehrfarbigem Laub; die helle Zeichnung hält bis zu den ersten Herbstfrösten. Toleriert das Freiland besser als viele andere buntlaubige Sorten. 30 cm. Z3.

HOUTTUYNIA (Houttuynie)
***H. cordata* 'Flore Pleno'**
Auffällige Pflanze für einen kühlen Sonnen- oder Schattenplatz auf feuchtem, wasserspeicherndem Boden oder am Teichrand. Das elegante, purpurn akzentuierte herzförmige Laub besitzt einen kräftigen Orangenduft; im Sommer erscheinen auffällige reinweiße gefüllte Blüten. 45 cm. Z7.

HUMULUS (Hopfen)
***H. lupulus* 'Aureus' (Goldhopfen)**
Entwickelt seine schönste Farbe in voller Sonne oder leichtem Schatten auf nicht zu trockenem, wasserspeicherndem Boden. Z3.

HYLOTELEPHIUM (Fetthenne)
***H.* 'Herbstfreude'**
Treibt schon zeitig graugrüne dickfleischige Blattrosetten. Ebenfalls graugrüne feste Knospen öffnen sich zu kleinen, kräftig pinkfarbenen Sternenblüten, die ziegelrot verblühen, um sich dann in rotbraune Samenstände zu verwandeln. Blüht ab dem Spätsommer; Bienenmagnet. Braucht Sonne und durchlässigen Boden. 75 cm. Z4.
***H. spectabile* 'Brilliant' (Schöne F.)**
Entwickelt im Spätsommer große Blütenteller in leuchtendem Malvenrosa; Bienenmagnet. 45 cm. Z3.

INULA (Alant)
***I. magnifica* (Großer A.)**
Freistehend absolut beeindruckend; benötigt Schutz vor starkem Wind, um unversehrt zu bleiben. Überhängendes, raues Blatt mit gewelltem Rand, ähnlich einem überdimensionierten Ampfer; die Stängelbelaubung wird nach oben hin immer kleiner. Im Spätsommer bis Frühherbst große, von schmalen gelben Zungenblüten gesäumte Korbblüten in einem breit verzweigten Blütenstand. Hervorragend im frischen Wiesengrund oder am vollsonnigen Wasserrand. 200–250 cm. Z6.

IRIS (Schwertlilie)
Während manche Schwertlilien wie etwa *Iris ensata* (Japanische Sumpf-S.) einen feuchten Stand benötigen, und manche, wie *I. laevigata* (Asiatische Sumpf-S.), sogar einige Zentimeter Wasser, bevorzugen andere einen sonnigen oder auch schattigen trockenen Platz. Es gibt viele verschiedene Arten und Sorten; die folgenden repräsentieren eine winzige Auswahl.
***I.* 'Benton Arundel'**
Diese hellere Ausgabe von *I.* 'Kent Pride'

Links oben: ***Hosta* 'Yellow Splash'**
Rechts ganz oben: ***Humulus lupulus* 'Aureus'**
Oben: **Inula *magnifica***
Links: ***Hylotelephium spectabile* 'Brilliant'**

blüht im Frühsommer goldviolett und braun-gelb gezeichnet. Sir Cedric Morris überreichte uns diese Züchtung in seinem Garten Benton End in Suffolk. 90 cm. Z5.

***I.* 'Black Swan'**
Eine hohe Bart-Iris mit aufrechten, durchscheinend violetten seidenartigen Domblättern und breiten, samtschwarzen Hängeblättern. Besonders prachtvoll zu grau- und silberlaubigen Nachbarn. 90 cm. Z6.

***I. pallida* subsp. *pallida* (Bleiche S.)**
Lohnt allein schon aufgrund der wunderbaren Belaubung. Breite, graugrüne Blattfächer schmücken den ganzen Sommer und bis weit in den Herbst hinein. Bezaubert im Spätfrühling und Frühsommer mit zartvioletten, duftenden Blüten mit seidig-knittrigen Perigonblättern. 90 cm. Z6.

***I. pallida* 'Argentea Variegata'**
Die auffällig weiß gestreiften blaugrünen Blattschwerter halten ihre Farbe während der gesamten Vegetationsperiode und übertreffen in ihrer Wirkung so manche Blumenpracht. Öffnet im Juni hellblaue Blüten. Benötigt einen durchlässigen Sonnenplatz. 45 cm. Z4.

***I. pseudacorus* 'Variegata' (Sumpf-S.)**
Eine beeindruckende mehrfarbige Form, die in der Natur auf sumpfigem Boden oder im Flachwasser anzutreffen ist, aber auch nährstoffreichen wasserspeichernden Boden akzeptiert. Blüte gelb mit auffälliger brauner Zeichnung. 90 cm. Z5.

***I. sibirica* 'Alba'**
Elegante Wiesen-Schwertlilie mit reinweißen Blüten am verzweigten Blütenstand; gedeiht am Wasserrand und in gutem Gartenboden. Blüht im Juni/Juli. 75 cm. Z4.

KIRENGESHOMA (Wachsglocke)

K. palmata
Braucht humosen kalkfreien Boden im Halbschatten. Ab dem Spätsommer dicke Knospen in schweren Rispen, aus denen sich bis zu 5 cm lange, zartbuttergelbe Blütenglocken öffnen. Die mit unregelmäßig gelappten, ahornartigen Blättern besetzten dunkelpurpurnen Triebe neigen sich unter dem Gewicht der Blüten. Benötigt Windschutz. 90 cm. Z5.

KNAUTIA (Witwenblume)

K. macedonica
Reiche Blüte über einen langen Zeitraum; trägt im Spätsommer und Herbst etliche weinrote Kissenblüten auf schlanken, gebogenen, verzweigten Stielen. Braucht Sonne und wasserspeichernden Boden. 60 cm. Z6.

Links: ***Iris* 'Black Swan'**
Unten: ***Iris* 'Benton Arundel'**
Ganz unten: ***Iris pallida* subsp. *pallida***

KNIPHOFIA (Fackellilie)

***K.* 'Green Jade'**

Mittelgroße Pflanze mit zart jadegrünen Blüten vom Spätsommer bis in den Herbst. 120 cm. Z7–Z8.

***K.* 'Ice Queen'**

Eine der hellsten Hybriden mit grünlichen Knospen, die sich in zartestem Gelb öffnen. Eine absolut weiße Sorte wird es nie geben, aber diese kommt dem reinen Weiß nahe. 120 cm. Z7.

***K.* 'Little Maid'**

Herbstblüher mit schlanken Blütenschäften über adrettem, schmalem Laub; aus den dicht stehenden grünlichen Knospen öffnen sich elfenbeinfarbene röhrenförmige Blüten, bis der Schaft auf mehr als halber Länge blüht. Treibt über Wochen hinweg nach. 60 cm. Z6.

K. rooperi

Eindrucksvolle Wildart für den Landschaftsgarten. Reckt vom Spätsommer bis in den Herbst auf kräftigen Schäften große, dicke zweifarbige Blütenstände in leuchtendem Orange und Gelb über das breite bogige Laub. 120 cm. Z6.

LAMIUM (Taubnessel)

***L. maculatum* 'Beacon Silver' (Gefleckte T.)**

Hervorragender Bodendecker für einen kühlen, halbschattigen Platz. Vollkommen silbriges Blatt mit grünem Saum, im Spätfrühling darüber kräftig pinkfarbene Lippenblüten. 10 cm. Z3.

***L. m.* 'Pink Pewter'**

Silbernes Blatt mit gezähntem grünem Saum, dazu hellrosa Blüten. 20 cm. Z3.

***L. m.* 'White Nancy'**

Bei dieser silberlaubigen Form öffnen sich im Frühsommer elfenbeinfarbene Knospen zu reinweißen Blüten. 20 cm. Z3.

LAMPROCAPNOS (Tränendes Herz)

***L. spectabilis* (Syn. *Dicentra spectabilis*)**

Benötigt tiefgründigen humosen, wasserspeichernden Boden im Schatten oder Halbschatten, wo es im Frühsommer hohe, mit zarten rosa-weißen Herzblüten behängte Stängel treibt. 60 cm. Z5.

***L. spectabilis* 'Alba'**

Über dem farnartigen Laub stehen weit übergeneigte grüne Stängel voller elfenbeinweißer Herzblüten. Wochenlange Blüte im Spätfrühling und Frühsommer. 75 cm. Z5.

***L. spectabilis* 'Gold Heart'**

Unterscheidet sich von der Wildart durch

Kleine/niedrige Stauden für frischen Boden und Sonne:

Alchemilla mollis
Aruncus aethusifolius
Astilbe
Carex
Geranium
Geum
Houttuynia
Persicaria affinis
Potentilla alba
Primula denticulata
Prunella
Stokesia laevis
Trachystemon
Trifolium
Viola
Waldsteinia

Links: ***Lamium maculatum* 'Pink Pewter'**
Unten: ***Lamprocapnos spectabilis* 'Gold Heart'**

horstigen Wuchs und goldgelbes Laub. 60 cm. Z5.

LATHYRUS (Platterbse)

***L. latifolius* 'White Pearl' (Breitblättrige P.)**

Eine wiederkehrende Sorte mit duftlosen, dafür besonders schönen reinweißen Blütenrispen. Bei uns rankt sie durch alte Rosen und liefert im Sommer wochenlang Material für kleine gemischte Bouquets. Braucht volle Sonne und wasserspeichernden Boden. Bis 120 cm. Z5.

***L. vernus* fo. *roseus* (Frühlings-P.)**

Eine niedrige, buschige Staude mit zahlreichen Stängeln und adrettem gefiedertem Laub. Trägt im April unzählige kleine rosa-pinke Wickenblüten. Für Sonne bis Halbschatten auf nicht zu trockenem, wasserspeicherndem Boden. 30 cm. Z4.

LAVANDULA (Lavendel)

***L. angustifolia* 'Rosea' (Echter L.)**

Kompakter, mit schmalem graugrünem Laub besetzter Busch, über dem im Juni und Juli puderrosa Blütenähren stehen. Für einen durchlässigen Sonnenplatz. 30–40 cm. Z7.

***L. stoechas* (Schopf-L.)**

Kompakter kleiner Strauch, der im Hoch- bis Spätsommer zahllose, seltsam kompakte Blütenköpfchen aus mit zwei verschiedenen Blütenarten trägt. Die in senkrechten Reihen angeordneten fruchtbaren Blüten sind klein und beinahe schwarzviolett. Darüber weht eine „Fahne“ aus großen Brakteen in hellerem Violett. Benötigt stark durchlässigen Boden. 30–40 cm. Z8.

Oben: ***Leucojum aestivum* 'Gravetye Giant'**
Unten links: ***Lavandula pedunculata* subsp. *pedunculata***

LEUCANTHEMELLA

***L. serotina* (Herbstmargerite)**

Schöner, frischer Anblick am Saisonende in Wiesengras, zwischen Sträuchern oder in einer imposanten Rabatte. Die auf steifen, laubbesetzten Stängeln zu Sträußen gefassten grün geäugten, kalkweißen Margeritenblüten wenden sich nach der Oktobersonne. Guter Vasenschmuck. 150 cm. Z7.

LEUCOJUM (Knotenblume)

***L. aestivum* 'Gravetye Giant' (Sommer-K.)**

Trägt elegante weiße Glockenblüten über einem Tuff aus schmalem, riemenförmigem Laub. Blüht im April. Bevorzugt schweren Tonboden am Wasserrand. 60 cm. Z4.

LIBERTIA (Andeniris)

***L. chilensis* (Neuseelandiris)**

Wunderschöne Wildform mit großen, dreizähligen reinweißen Blüten an hohen Stängeln. Am besten in einer warmen Rabatte auf nicht zu trockenem, durchlässigem Boden. 75 cm. Z8.

L. peregrinans
Schmale, zu Fächern zusammengefasste steife Blätter mit orangefarbener Mittelader. Blüht weiß; breitet sich über unterirdische Ausläufer aus. 45 cm. Z8.

LIGULARIA
***L. dentata* 'Desdemona' (Stern-Ligularie)**
Für feuchten, konstant frischen bis feuchten Boden in voller Sonne. Großes, oberseits bronze-purpurnes, unterseits kräftig magentarotes herzförmiges Blatt; im Spätsommer orangefarbene Blüten in großen, verzweigten Sträußen. 120 cm. Z3.
L. 'The Rocket'
Ansehnlicher Horst aus großen, runden Blättern mit eingeschnittenem Rand für feuchten Boden. Die langen, auf nahezu schwarzen Stängeln hoch über dem Laub stehenden Blütenkerzen mit kleinen, leuchtend gelben Einzelblüten sind im Spätsommer unübersehbar. 150 cm. Z3.

LILIUM (Lilie)
***L. martagon* (Türkenbund-L.)**
Die Türkenbundlilie schmückt sich im Sommer mit zahlreichen Blüten in zartem Purpurrosa an hohen Stängeln. Für einen vollsonnigen bis halbschattigen, tiefgründigen Standort. Es gibt auch eine weiße Form, *L. m.* var. *album*. 100–120 cm. Z4.
***L. speciosum* (Prächtige L.)**
Die Farben der im August und September blühenden Prächtigen Lilie reichen von Weiß bis hin zu kräftigem Rosarot. Bevorzugt nährstoffreichen Boden. 120–150 cm. Z8.

LINARIA (Leinkraut)
***L. purpurea* 'Canon J. Went' (Purpur-L.)**
Das hohe, zarte Purpur-Leinkraut öffnet den ganzen Sommer lang kleine, zartrosa Lippenblüten an hohen Blütenkerzen. Für sonnigen, durchlässigen Boden. 75 cm. Z7.

L. triornithophora
Der Beiname „drei Vögel tragend" bezieht sich auf die Knospen, die winzigen Wellensittichen ähneln. Purpurne, bisweilen rosafarbene Blüten vom Sommer bis zum Frost. Benötigt sonnigen, durchlässigen Boden. 90 cm. Z7.

LIRIOPE (Liriope)
***L. muscari* (Horstbildende L.)**
Adretter Tuff aus überhängenden dunklen, schmalen, immergrünen Blättern; treibt im Herbst Ähren aus kleinen, violettblauen Blüten. 30 cm. Z7.

LOBELIA (Lobelie)
***L. cardinalis* 'Queen Victoria' (Kardinals-L.)**
Ungewöhnliche Staude für sonnigen, feuchten, wasserspeichernden Boden; nach Möglichkeit ab dem Spätherbst bis nach dem Spätfrost abdecken, damit der Austrieb nicht verfriert. Signalrote Blüten zu braunrotem Laub. 75 cm. Z3.

LYCHNIS (Lichtnelke)
***L. chalcedonica* (Brennende Liebe)**
Diese Zierpflanze ist in Europa seit dem 16. Jahrhundert in Kultur. Im Sommer stehen malteserkreuzförmige signalrote Blüten dicht versammelt auf einem ho-

Unten: ***Ligularia* 'The Rocket'**
Ganz unten: **Lilium *speciosum* var. *album***

hen, standfesten Stängel und setzen einen kräftigen Akzent. Braucht volle Sonne auf wasserspeicherndem Boden. 90 cm. Z4.

***L. coronaria* (Kronen-L.)**
Im Sommer sparrig verzweigte Triebe mit intensiv magentaroten, nelkenartigen Blüten über attraktivem, silbergraufilzigem Laub. 75 cm. Z4.

***L.* 'Hill Grounds'**
Diese graufilzige sterile Kreuzung von *L. flos-jovis* und *L. coronaria* treibt bei regelmäßigem Rückschnitt vom Spätfrühling bis zum Herbst immer neue, magentafarbene Blüten. 75 cm. Z4.

LYSICHITON (Scheinkalla)
Diese überragenden Stauden für die Flachwasserzone benötigen einige Zeit bis zur ersten Blüte, doch schon das großformatige Laub ist ein eindrucksvoller Blickfang.

***L. camtschatcensis* (Weiße S.)**
Eine reinweiß blühende Wildart aus Sibirien und Japan. 90 cm. Z6.

L. × hortensis
Die Hybride der beiden Arten dieser Gattung (*L. americanus* und *L. camtschatcensis*) beeindruckt im Frühjahr mit herrlichen cremefarbenen Blüten und im Sommer mit gewaltigem Laub. Versamt sich nicht, im Gegensatz zur gelb blühenden amerikanischen Elternart. Mühsam durch Teilung zu vermehren. 180 cm. Z5.

LYSIMACHIA (Felberich)

***L. ciliata* (Bewimperter F.)**
Treibt im Frühjahr schokoladenfarben aus dem Boden; behängt seine Stängel im Hoch- bis Spätsommer wochenlang mit grazilen hellgelben Blüten, wobei das Laub nur minimal vergrünt. Verbreitet sich am nährstoffreichen, frisch-feuchten sonnigen Standort über Ausläufer. 75 cm. Z4.

***L. nummularia* 'Aurea' (Pfennigkraut)**
Entzückender Bodendecker, der im Sommer auf kühlem, wasserspeicherndem Boden im Halbschatten mit goldgelbem Laub und flachen gelben Blütentellern bezaubert. 5 cm. Z4.

***L. punctata* (Punktierter Gilbweiderich)**
Eine alte, gelegentlich verwilderte Gartenpflanze, die sich an einem sonnig-feuchten Standort auf wasserspeichern-

Pflanzen für schweren Boden:
Acanthus
Alchemilla
Anemone × *hybrida*
Darmera
Epimedium
Eupatorium
Euphorbia amygdaloides var. *robbiae*
Hemerocallis
Hosta
Inula
Kniphofia
Miscanthus
Molinia
Persicaria
Petasites
Rheum
Rodgersia
Sasa
Symphytum
Trachystemon

Oben links: ***Lychnis* 'Hill Grounds'**
Links: ***Lysimachia punctata***
Unten: ***Lysichiton* × *hortensis***

dem Boden am wohlsten fühlt und dort gelegentlich massiv ausbreitet. Sonnengelbe Blütenkerzen vom Hoch- bis Spätsommer. 90 cm. Z5.

LYTHRUM (Weiderich)
***L. salicaria* 'Robert' (Blut-W.)**
Kleine Blüten in kräftigem Pink in verzweigten Blütenkerzen. Schöner Blickfang für guten, wasserspeichernden bis nassen Boden; braucht Sonne. Blüht vom Hochsommer bis in den Herbst. 120 cm. Z3.

MACLEAYA (Federmohn)
***M. microcarpa* 'Kelway's Coral Plume' (Ockerfarbiger F.)**
Dekorative Pflanze für vollsonnigen, wasserspeichernden Boden mit kriechendem Rhizom und festen, hohen Schäften. Großes, rundliches, tief gelapptes Blatt mit graugrüner Ober- und grauweißer Unterseite, darüber Blütenwedel mit hellapricotfarbenen Knospen, die sich vom Hochsommer bis in den Herbst zu rahmweißen Fransenblüten öffnen. 200 cm. Z5.

MAIANTHEMUM (Schattenblümchen)
***M. racemosum* (Duftsiegel)**
Treibt ähnliche Laubstängel wie das verwandte Salomonssiegel, versammelt jedoch die süß duftenden rahmweißen Blüten in einem traubigen Blütenstand am Stängelende. Blüht im Spätfrühling. Bevorzugt kühlen, wasserspeichernden Boden und Halbschatten. 75 cm. Z4.

MALVA (Malve)
***M. moschata* (Moschus-M.)**
Zahllose seidige, weiße, weit geöffnete Blüten sorgen im Sommer wochenlang für Begeisterung. Versamt sich angenehm. Am besten auf einem durchlässigen Sonnenplatz. 45 cm. Z3.

MATTEUCCIA (Straußenfarn)
***M. struthiopteris* (Europäischer S.)**
Womöglich der Schönste seiner Sippe für feuchte bis nasse, dazu vor Wind geschützte Lagen, damit die zarten Wedel nicht verbräunen. Die kurzgestielten Blattknospen entrollen sich zu hellgrünen, herrlich gefiederten federballartigen Trichtern. Maßvoll kriechendes Rhizom. 90 cm. Z2.

MELIANTHUS (Honigstrauch)
***M. major* (Echter H.)**
Dank Winterschutz überlebt die nicht winterharte, prächtige südafrikanische Blattschmuckstaude bei uns schon jahrelang auf durchlässigem Boden. Großformatiges, tief eingeschnittenes graugrünes Laub mit gesägtem Rand an dicken, verzweigten Stängeln. Treibt gelegentlich einen kastanienroten traubigen Blütenstand. 120 cm und höher. Z9.

Unten links: ***Lythrum salicaria* 'Robert'**
Unten rechts: ***Matteuccia struthiopteris***

MELICA (Perlgras)
M. *uniflora* fo. *albida* (Einblütiges P.)
Über weichen Grastuffs schweben winzige weiße Knospen an zartem Stiel. Toleriert trockenen Schatten. 60 cm. Z7.

MELISSA (Melisse)
***M. officinalis* 'All Gold' (Zitronen-M.)**
Trägt vom Austrieb bis zum Saisonende goldgelbes, leicht raues Laub. Braucht durchlässigen Boden und leichten Schatten zum Schutz vor Sonnenbrand. Blüte unerheblich. 60 cm. Z4.

MILIUM (Flattergras)
***M. effusum* 'Aureum' (Gold-F.)**
Treibt einen im Frühjahr und Frühsommer weithin gelb leuchtenden weichen Grasbusch. Darüber dann duftige goldene Grasblüten an zahlreichen dünnen Halmen, später winzige Samenperlen. Bildet keine Ausläufer. Bevorzugt Laubhumus und Halbschatten. 60 cm. Z6.

MISCANTHUS (Chinaschilf)
***M.* 'Purpurascens'**
Diese niedrige Sorte zeichnet sich im Spätsommer durch Blattoberseiten in warmem Braun mit rosa leuchtender Mittelader aus. Ab Oktober zeigen sich die schlanken braunrosa Blütenfahnen, und der ganze Grasbusch färbt sich beige, orange und rot. 120 cm. Z4.
***M. sinensis* 'Gracillimus' (Silber-C.)**
Der Horst erinnert an einen schlanken Bambus. Über dem besonders schmalen Laub mit lockigen Enden stehen im Herbst glänzende Blütenfahnen. 200 cm. Z6.
***M. sinensis* 'Malepartus'**
Beeindruckende Fontäne aus überhängendem breitem, silbern geadertem Laub und mahagoni-roten Blütenfahnen, die silbrig-sandfarben verblühen. 200 cm. Z5.
***M. sinensis* 'Silberfeder'**
Eindrucksvoll aufragender Blickfang mit hohen, von oben bis unten mit schmalem Graslaub besetzten Halmen und aufrechten, schlanken, silber-rosa-beigefarbenen Blütenfahnen. Eine perfekte Ergänzung zu Herbstblühern. 200 cm und höher. Z4.
***M. sinensis* 'Variegatus'**
Unübersehbar mit überhängendem, breitlinealem Laub mit grün-weißen Längsstreifen an festen Halmen. Sommerlanger Beetschmuck für frischen Boden. 120–150 cm. Z5.
***M. sinensis* 'Zebrinus'**
Aufrechter dichter Halmbusch mit schmalen, übergebogenen grünen Blättern mit breiten gelben Querstreifen; ein auffälli-

Links: ***Melianthus major***
Darunter: ***Miscanthus sinensis* 'Malepartus'**

Winter-/immergrüne Stauden für warmen, durchlässigen Boden:
Ballota
Bergenia
Cistus
Dianthus
Eryngium agavifolium
Euphorbia characias subsp. *wulfenii*
Festuca
Lavandula
Libertia
Marrubium
Nassella
Salvia officinalis
Santolina
Teucrium
Thymus
Verbascum

ger Formkontrast für die Rabatte und wunderbar als Uferpflanze. Pflegeleicht auf jedem guten Gartenboden. 120–150 cm. Z5.

MITELLA (Bischofskappe)
***M. breweri* (Immergrüne B.)**
Horstbildender Bodendecker mit leicht gelappten runden, dunkelgrünen Blättern. Schickt im Frühjahr zahllose hellgrüne blattlose Stängel mit winzigen grünen, gefransten Blüten empor. Bezaubernd am schattigen Wegrand; benötigt frischen bis feuchten Boden. 15 cm. Z5.
***M. caulescens* (Rauhaarige B.)**
Wunderbar für schwierige Schattensituationen. Bildet über fadendünne Ausläufer einen erbsengrünen Teppich aus herzförmigen Blättern; im Frühling darüber winzige grünliche Blüten. 10 cm. Z5.

MOLINIA (Pfeifengras)
***M. caerulea* subsp. *caerulea* 'Heidebraut' (Blaues P.)**
Die aufrechten, strohfarbenen Blütenhalme und die schlanken Samenstände bringen Licht in trübe Herbsttage. Für einen Sonnenplatz auf wasserspeicherndem Boden. 120–150 cm. Z5.
***M. c.* subsp. *c.* 'Variegata'**
Eines der schönsten mehrfarbigen Gräser. Trägt lockere Blütenrispen hoch über einem adretten Tuff aus lebendig rahmweiß gestreiftem Graslaub. 45 cm. Z5.

MORINA (Steppendistel)
***M. longifolia* (Nepal-S.)**
Eine stattliche Staude für sonnigen, durchlässigen Boden. Aus stachligen, duftenden Laubrosetten streben hohe Blütenschäfte empor, daran etagenartig angeordnet jadegrüne Tragblätter, über denen Röhrenblüten sprießen, die weiß aufblühen, um sich später rosenrot zu verfärben. Auch die abgeblühten Schäfte sind wirkungsvoll, unter anderem als faszinierender grüner Vasenschmuck. Vom Hochsommer bis in den Winter attraktiv. 75 cm. Z6.

MYOSOTIS (Vergissmeinnicht)
***M. scorpioides* 'Mermaid' (Sumpf-V.)**
Die Auslese unterscheidet sich von der Wildart durch den kompakten, horstigen Wuchs; schmückt sich im Sommer wochenlang mit himmelblauen Blüten an kurzen Stängeln. Bevorzugt volle Sonne und nährstoffreichen wasserspeichernden Boden. 20 cm. Z5.

NARCISSUS (Narzisse)
***N. minor* 'Cedric Morris' (Kleine N.)**
Blüht bei uns ab Weihnachten bis in den März hinein. Kleine, perfekt geformte zitronengelbe Narzissenblüte mit leicht gerüschter Trompete, herrlich in der Vase mit frühen Schneeglöckchen. Zum Schutz vor der Narzissen-Schwebfliege schattig pflanzen. Braucht wasserspeichernden Boden. 15–30 cm. Z4.
N. pallidiflorus
Die Knospen dieser Narzisse sind ungewöhnlich, denn sie schauen himmelwärts; erst im Erblühen neigen sie sich herab. Perfekt geformte Trompetenblüten in zartem Gelb. Frühe Blüte. 30 cm. Z5.
***N.* 'Rijnveld's Early Sensation'**
Diese ungewöhnliche Hybride kam vor

Unten: ***Narcissus pallidiflorus***
Darunter: ***Narcissus minor* 'Cedric Morris'**
Ganz unten: ***Narcissus* 'Rijnveld's Early Sensation'**

Links außen: ***Nerine bowdenii***
Links: ***Nectaroscordum siculum* subsp. *bulgaricum***
Unten: ***Nepeta racemosa* 'Walker's Low'**

vielen Jahren von Graham Stuart Thomas zu uns. Sie erblüht sehr früh, oft schon im Januar, und hält bis in den März hinein durch. Die Sorte ist heute nicht mehr im Handel. Gelbe Trompete, kombiniert mit etwas hellerer Krone. 45 cm. Z3.

NECTAROSCORDUM (Honiglauch)
N. siculum* subsp. *dioscoridis
Ebenso schön wie ungewöhnlich. Eine papierartige Hülle auf kräftigem Schaft gibt ein Büschel weinrot überhauchter, zartgrüner Knospen frei, die sich zu ebenso gefärbten Blütenglocken öffnen und zu erneut aufgerichteten Samenständen verblühen. Blüht im Frühsommer. 90 cm. Z6.

NEPETA (Katzenminze)
***N. racemosa* 'Walker's Low' (Traubige Katzenminze)**
Blüht von Mai bis Juni an langen Trieben über aromatisch duftendem, silber-graugrünem Laub. Dunkle Knospen und Stiele verstärken die Wirkung der kräftig blauen Blüten. 75 cm. Z4.
***N.* 'Six Hills Giant'**
Diese Sorte öffnet im Sommer lavendelblaue Blütenähren über aromatisch duftendem graugrünem Laub. Größer als die Art und wohl auch frostverträglicher. 75 cm. Z5.

NERINE
N. bowdenii
Trägt im Oktober herrliche hellrosa Blütentrompeten. Eine warme Mauer und scharf durchlässiger Boden helfen ihr über den Winter. Volle Sonne. 40 cm. Z8.

OENOTHERA (Nachtkerze)
***O. lindheimeri* (Syn. *Gaura lindheimeri*)**
Unvergleichlich bis weit in den Herbst hinein. An weidenartig belaubten,

Winter-/immergrüne Stauden für kühlen Schatten:
Arum italicum subsp. *italicum 'Marmoratum'*
Asplenium
Epimedium
Euphorbia amygdaloides var. *robbiae*
Geranium macrorrhizum
Helleborus
Heuchera
Lamium
Liriope
Mitella
Ophiopogon
Pachyphragma
Pachysandra
Polystichum
Pulmonaria
Symphytum
Tellima
Vinca

schwankenden Ruten mit rosigen Knospen öffnen sich wochenlang tanzende weiße Blüten. Volle Sonne auf durchlässigem Boden. 75 cm. Z7.

OMPHALODES (Gedenkemein)
***O. cappadocica* (Kaukasus-G.)**
Treibt einen dichten Busch aus ovalem, leicht gerunzeltem grünem Laub; darüber enzianblaue Vergissmeinnichtblüten in zarten Rispen. Atemberaubender Frühjahrsblüher. Hervorragender Bodendecker für wasserspeichernden Boden. 20 cm. Z7.

ONOCLEA (Perlfarn)
O. sensibilis
Mit seinen hellgrünen, breit gefiederten Wedeln ist der zarte Perlfarn ein schöner Bodendecker für feuchten bis nassen Boden. Auch auf frischem Boden im Gehölzschatten bewährt er sich, ist aber nicht unbedingt ortstreu. 45 cm. Z4.

ONOPORDUM (Eselsdistel)
***O. acanthium* (Gewöhnliche E.)**
Schon die Rosette aus gewaltigem, weißfilzigem Distellaub ist ein herrlicher Anblick; vom Hochsommer bis in den

Herbst beeindruckt die Eselsdistel zudem mit hoch aufragenden Blütenschäften mit hellvioletten Distelblüten. Braucht Sonne und durchlässigen Boden. 200 cm. Z6.

OPHIOPOGON (Schlangenbart)
***O. planiscapus* 'Kokuryū' (Schwarzer S.)**
Ganzjährig fasziniert das schwarze, übergebogene riemenförmige Laub, das sich wie Spinnenbeine gegen den Boden absetzt. Im Sommer erscheinen winzige zartviolette Blüten an kurzen Rispen; die schwarzglänzenden Beeren halten bis in den Winter. Für Sonne bis Halbschatten; breitet sich auf durchlässigem, wasserspeicherndem Boden vorsichtig aus. 25 cm. Z6.

ORIGANUM (Dost)
***O. vulgare* 'Thumble's Variety' (Gewöhnlicher D.)**
Schöner niedriger Bodendecker mit frisch gelbgrünem, gegen Sonnenbrand gefeitem Laub. Blüht weiß. 30 cm. Z6.

Ganz oben: ***Ophiopogon planiscapus* 'Kokuryū'**
Oben: ***Origanum vulgare* 'Thumble's Variety'**
Links: ***Onopordum acanthium***

OSMUNDA (Königsfarn)
O. regalis
Im Frühjahr treiben die eleganten bis 120 cm hohen großen, flachen Wedel sanft kupfrig-braun; im Herbst färben sie sich tabakfarben. Verträgt Sonne, sofern seine Wurzeln genügend Wasser bekommen. Regelmäßige Kompostgaben lassen ihn zur Höchstform auflaufen. 120 cm. Z2.

PACHYPHRAGMA (Scheinschaumkraut)
***P. macrophyllum* (Großblättriges S.)**
Die überlappenden großen, runden Blätter unterdrücken den ganzen Sommer das Unkraut. Im Winter färben sich Blattadern und –stiele purpurn. Dekorative weiße, an Gänsekresse erinnernde Blütenteller erscheinen im März bereits vor dem Laubtrieb. Nichtinvasiv; Vermehrung durch Teilung. Bevorzugt Schatten und wasserspeichernden Boden. 30 cm. Z6.

PACHYSANDRA (Ysander)
***P. terminalis* (Japanischer Y.)**
Häufig verwendeter, dunkelgrüner Bodendecker für Gehölzsituationen. Gedeiht gut auf wasserspeicherndem schattigem Boden. 30 cm. Z5.

PAEONIA (Pfingstrose)
***P.* 'Avant Garde'**
Über Eric Smith kam diese alte Staudenpfingstrose mit den bezaubernd zarten, rosigen Blüten zu uns. 75 cm. Z6.
P. daurica* subsp. *mlokosewitschii
Treibt im zeitigen Frühjahr in sattem Mahagoni-Pink. Während sich das Laub bläulich-grün färbt, öffnen sich darüber schon im Mai perfekte, mit goldenen Staubblättern gefüllte, vanillegelbe Blütenschalen. Für Halbschatten und wasserspeichernden Boden. 60 cm. Z6.

PAPAVER (Mohn)
***P.* (Oriental Grp.) 'Royal Wedding' (Türkischer M.)**
Langsam sich ausbreitender Staudenmohn mit borstigem grünem Laub und auffälligem schwarzpurpurnen Basalfleck auf den reinweißen Blütenblättern. 80 cm. Z3.
***P. rupifragum* (Spanischer M.)**
Wunderschöner Staudenmohn in seltenem hellem Orange. Öffnet den ganzen Sommer seidenpapierene halbgefüllte Blüten. Versamt sich willig. 30 cm. Z6.

PENNISETUM (Lampenputzergras)
***P. alopecuroides* 'Black Beauty'**
Aufrechtes, horstbildendes, sommergrünes Gras mit flachem, dunkelgrünem

Gräser für eher trockenen Boden:
Calamagrostis *
Festuca
Helictotrichon
Pennisetum villosum
Stipa

Gräser für frischen/ feuchten Boden:
Carex
Deschampsia
Glyceria
Miscanthus *
Molinia *
Panicum *
Pennisetum *

Gräser für Schatten:
Hakonechloa
Melica
Milium

* Gedeiht auch auf normalem, idealerweise vollsonnigem Boden

Oben: ***Osmunda regalis***
Links: ***Pachyphragma macrophylla***

Laub, das sich im Herbst rehbraun färbt; im Sommer darüber schmale, längliche schwarzviolette „Lampenputzer". 45 cm. Z8.

***P. villosum* (Weißes L.)**
Schönes Gras mit überhängenden Blütenständen, ein jeder dicht und fein weiß behaart. Benötigt Sonne. 45 cm. Z8.

PENSTEMON (Bartfaden)

P. 'Evelyn'
Adrette, buschige Staude mit sehr schmalem Laub, darüber schlanke Triebe mit schmalen Blüten, rosafarben mit hellem gestreiftem Schlund. Blüht den ganzen Sommer. Benötigt einen durchlässigen Sonnenplatz. 60 cm. Z7.

PERSICARIA (Knöterich)

***P. affinis* 'Suberba' (Teppich-K.)**
Der niedrige, adrette grüne Laubteppich färbt sich im Herbst kräftig rostrot und hält diese Farbe den Winter über. Trägt vom Hochsommer bis in den Herbst zartrosa Blütenkerzen. 20–25 cm. Z5.

***P. amplexicaulis* 'Alba' (Kerzen-K.)**
Über den hohen, buschigen Pflanzen stehen monatelang zahllose schlanke weiße Blütenkerzen. Braucht Sonne und wasserspeichernden Boden. 120 cm. Z5.

***P. amplexicaulis* 'Atrosanguinea'**
Über der großen, buschig verzweigten Staude lodern im Spätsommer und Herbst schlanke, dunkelrote Blütenkerzen. 120 cm. Z5.

Ganz oben links: ***Persicaria bistorta* 'Superba'**
Ganz oben rechts: ***Pennisetum villosum***
Oben links: ***Persicaria amplexicaulis* 'Atrosanguinea'**
Oben rechts: ***Pennisetum alopecuroides* 'Black Beauty'**

P. bistorta **'Superba' (Schlangen-K.)**
Am schönsten auf feuchtem Boden. Im Frühsommer zahllose Stiele mit dicken, rosigen Blütenkerzen über gefälligem ampferartigem Laub. 75 cm. Z3.

P. microcephala **'Red Dragon'**
Blattschmuckstaude mit grün-purpurrot gemustertem, spitzem Blatt mit silbrigweißer Zeichnung. 75 cm. Z7.

P. vacciniifolia **(Heidelbeerblättriger K.)**
Erst spät im Frühjahr treibt das Gewirr aus rotbraunen Trieben neues Laub. Ende September stehen über den kleinen, glänzend grünen Blättern zahllose zartrosa Blütenähren. 10 cm. Z7.

P. virginiana **'Painter's Palette'**
Buschig verzweigte, niedrige Staude, deren große ovale Blätter cremefarben und grün marmoriert und rötlich betupft sind. Die Blattmitte ist jeweils mit einem deutlichen „V" gezeichnet. Mauseschwanzdünne Blütenstände mit kleinen roten Blüten verweisen auf die Knöterich-Verwandtschaft. Für guten Gartenboden in Sonne bis Halbschatten. 60 cm. Z5.

PETASITES (Pestwurz)

P. japonicus **var.** ***giganteus*** **(Große Japanische P.)**
Schon im zeitigen Frühjahr durchbrechen die Blütenknospen den kahlen Tonboden; jede öffnet sich zu einem Sträußchen grün-weißer Blüten, perfekt für die Vase. Die großflächig wuchernde Staude mit den gewaltigen runden Blättern bildet auf schwerem, wasserspeicherndem Boden eine undurchdringliche Laubdecke. Sonne bis Halbschatten. 120–130 cm. Z5.

PHLOMIS (Brandkraut)

P. russeliana
Bildet mit seinem weichen, herzförmigen Laub einen großen, Unkraut unterdrückenden Horst, aus dem im Sommer kräftige Stängel mit gelben, zu Quirlen gefassten Lippenblüten aufwachsen. Auch die Samenstände sind wirkungsvoll, ob grün oder trocken. Für Sonne und wasserspeichernden Boden. 90 cm. Z6.

PHLOX (Phlox)

P. stolonifera **'Ariane' (Kriechender P.)**
Die bodendeckenden Phlox-Arten sind in jeder Hinsicht erfreulich: Sie unterdrücken Unkraut und tragen Blüten, die von Nahem betrachtet ebenso schön sind wie in ihrer Massenwirkung. Über dem frischgrünen Laubteppich dieser Auslese stehen von April bis Mai schneeweiße, gelb geäugte Blüten in lockeren Sträußchen. 20 cm. Z4.

P. stolonifera **'Blue Ridge'**
Bevorzugt einen kühlen, halbschattigen, leicht sauren Standort. Über dem schönen Bodendecker stehen von April bis Mai Sträußchen fliederfarbener Blüten mit einem zentralen Kranz orangefarbener Staubbeutel. 20 cm. Z4.

PHORMIUM (Neuseelandflachs)

P. tenax
Entfaltet ganzjährig seine Wirkung: Das lange schwertförmige Laub bildet einen gewaltigen Horst; darüber stehen düsterrote Blüten an einem hohen Blütenschaft, gefolgt von krummen schwarzen Samenkapseln. In D üblicherweise im Kübel und Überwinterung unter Glas; im Weinbauklima Auspflanzung bei ausreichend Winterschutz möglich. 200 cm. Z8.

Unten: ***Phormium tenax***
Ganz unten: ***Phlomis russeliana***

PHUOPSIS (Baldriangesicht)

P. stylosa

Sehr schöner Bodendecker für einen trockenen Sonnenplatz. Über dem fein unterteilten frischgrünen Laub stehen im Frühsommer halbrunde Blütenköpfe, aus denen rosa Griffel hervorragen. 15 cm. Z5.

PHYLA (Teppichverbene)

P. nodiflora

Schöner rankender Bodendecker für warmen, durchlässigen Boden oder Pflastersituationen. Die verzweigten niederliegenden Triebe sind dicht mit kleinen ovalen Blättern besetzt und zeigen ab dem Spätsommer winzige, zu halbkugeligen Blütenständen gefasste Blüten in Weiß, Flieder und Orange. Verschwindet im Winter, um im Frühling wiederzukehren. 10 cm. Z7.

PIMPINELLA (Bibernelle)

***P. major* 'Rosea' (Große B.)**

Die bezaubernde, an Wiesenkerbel erinnernde Staude öffnet im Hochsommer über mehrere Wochen winzige rosige Blüten in flachen Dolden. Bevorzugt normalen bis frisch-feuchten Boden. 90 cm. Z5.

POLEMONIUM (Himmelsleiter)

***P. caeruleum* (Blaue H.)**

Die auch als Jakobsleiter bekannte Staude öffnet im Früh- bis Hochsommer hoch über dem zartgrünen, tief eingeschnittenen grundständigen Laub immer neue, hell geäugte himmelblaue Blüten. Besonders hinreißend an einem kühlen, sonnigen Platz auf wasserspeicherndem Boden. 60 cm. Z3.

***P. caeruleum* 'Album' (Weiße H.)**

Eine gute weiße Form, die im Sommer blüht. 60 cm. Z2.

P. carneum

Bringt im Frühsommer weit offene, muschelrosa Blüten in großer Zahl hervor; entzückend am Beetrand. 45 cm. Z6.

POLYGONATUM (Salomonssiegel)

***P. × hybridum* (Garten-S.)**

Gängigste Form. Der kriechende Wurzelstock treibt hohe, übergeneigte, dunkelgrün belaubte Triebe, an denen im Mai grünlichweiße Blütenglocken hängen. Für Halbschatten bis Schatten auf wasserspeicherndem Boden. 75–90 cm. Z6.

***P. × h.* 'Striatum'**

Eine selten kultivierte Form mit auffällig rahmweiß gestreiftem und gesäumtem Laub. 60 cm. Z4.

***P. multiflorum* (Vielblütige Weißwurz)**

Sollte nicht mit *P. × hybridum* verwechselt werden. Kürzere, weniger übergeneigte Stängel mit enger stehendem Laub, das seine blau bereifte Unterseite zeigt. Trägt cremeweiße Blütenglöckchen, gefolgt von zunächst grünen, später nahezu schwarzen Beeren. 60 cm. Z4.

POLYPODIUM (Tüpfelfarn)

***P. × mantoniae* 'Cornubiense' (Mantons T.)**

Die zart gefiederten Wedel dieses hübschen hellgrünen Farns bilden eine ausgezeichnete ganzjährige Bodendecke und einen schönen Kontrast zu ganzrandigem Laub. 30 cm. Z5.

Oben: ***Primula bulleyana***
Links: ***Polygonatum × hybridum***

***P. vulgare* (Engelsüß)**
Engelsüß gibt es in sehr unterschiedlichen Formen; der Farn, der in der Natur auf mehreren Kontinenten schattige Abhänge und Felsregionen besiedelt, breitet sich zu einem wirkungsvollen Bodendecker aus. 30 cm. Z3.

POLYSTICHUM (Schildfarn)
***P. setiferum* Acutilobum Grp. (Borstiger S.)**
Der sehr pflegeleichte Farn mit hocheleganten, mehrfach gefiederten Wedeln wächst fast überall, sofern es nicht zu trocken ist; besonders gut gedeiht er in kühlem Halbschatten. 60 cm. Z7.

PONTEDERIA (Hechtkraut)
***P. cordata* (Herzförmiges H.)**
Vom Sumpfrand aus erobert das Hechtkraut langsam auch die Flachwasserzone des Teichs mit schönen, subtil gezeichneten und schattierten pfeilförmigen Blättern, die dicht an dicht über der Wasseroberfläche stehen. Darüber öffnen sich im Spätsommer kleine, in dichten Ähren versammelte blaue Blüten. 45 cm über der Wasseroberfläche. Z7.

POTENTILLA (Fingerkraut)
***P. alba* (Weißes F.)**
Guter Bodendecker für wasserspeichernden Boden in Sonne oder lichtem Schatten. Bildet einen Teppich aus hellgraugrünem lupinenartigem Laub, der sich im Frühjahr und erneut im Herbst mit unzähligen kurzgestielten, orange geäugten weißen Blüten schmückt. 10 cm. Z5.
***P. atrosanguinea* var. *argyrophylla* (Silber-Fingerkraut)**
Wochenlang stehen im Hochsommer gelbe Blüten mit orangefarbener Mitte auf den verzweigten Stängeln, die aus dem adretten Horst aus silberglänzendem „Erdbeerlaub" sprießen. Am besten in Sonne auf wasserspeicherndem Boden. 45 cm. Z5.

PRIMULA (Primel)
***P. bulleyana* (Bulleys Etagen-P.)**
Gedeiht in voller Sonne wie im Schatten, solange sie nur feucht genug steht. Von Mai bis Juni trägt sie an jedem bemehlten Stängel mehrere Blütenquirle in leuchtendem Orange. Attraktiver Samenstand. 45 cm. Z6.
***P. denticulata* var. *alba* (Kugel-P.)**
Eine schöne Form mit gelb geäugten

Gute Bodendecker:
Ajuga
Bergenia
Brunnera
Cyclamen
Epimedium
Euphorbia amygdaloides var. *robbiae*
Geranium endresii
Geranium macrorrhizum
Lamium
Ophiopogon
Pachyphragma
Pachysandra
Persicaria affinis
Petasites
Phuopsis
Symphytum
Tiarella
Thymus
Vinca
Waldsteinia

Unten links/rechts:
Pontederia cordata

weißen Blüten über der großen, saftigen hellgrünen Blattrosette. Frühjahrsblüher für volle Sonne und wasserspeichernden Boden. 30 cm. Z5.

P. florindae **(Tibet-P.)**
An hohen Stängeln nicken große, trichterförmige, zart schwefelgelbe Blüten. Schöner hellgrün bemehlter Samenstand. Muss unbedingt feucht stehen. Bis 90 cm. Z6.

P. pulverulenta **(Sichuan-P.)**
Kräftig weinrote Blüten mit dunklerem Auge. Hervorragende Sumpfprimel für einen feuchten Schattenstandort. 60 cm. Z6.

P. veris **(Echte Schlüsselblume)**
Die heimische Art treibt im Frühjahr aus der stumpfgrünen Blattrosette zahlreiche Stiele mit gelben, duftenden Blüten. 15 cm. Z5.

PRUNELLA (Braunelle)

P. grandiflora **'Loveliness' (Großblütige B.)**
Trägt im Sommer zartfliederfarbene Lippenblüten in kurzen, dichten, langgestielten Blütenähren. Schön am Beetrand oder als Bodendecker für sonnigen, wasserspeichernden Boden. 15 cm. Z5.

PULMONARIA (Lungenkraut)

Die Lungenkräuter sind exzellente Bodendecker für ständig frischen Boden. Sie bevorzugen Halbschatten und blühen außerordentlich früh, ohne sich vom Wetter schrecken zu lassen. Spontankreuzungen und Sämlingsvarianten haben zahlreiche Formen zum Ergebnis.

P. rubra **(Ziegelrotes L.)**
Auf die schon im zeitigsten Frühjahr erscheinenden, dicht gedrängt stehenden ziegelroten Röhrenblüten folgt großformatiges hellgrünes, ungeschecktes Laub, das Unkraut keine Chance gibt. 30 cm. Z5.

P. saccharata **(Großgeflecktes L.)**
Ungewöhnliche Art mit bis zu 30 cm langem rauem, teils silbern, teils graugrün marmoriertem dunkelgrünem Laub. Mag kühlen Schatten. Öffnet im März zahllose blaue und rosafarbene Blüten. 30 cm. Z5.

PULSATILLA (Küchenschelle)

P. vulgaris **(Gewöhnliche K.)**
Im März treiben pelzige Knospen aus dem fein geschlitzten behaarten Laub, die sich zu riesigen purpurvioletten Blüten mit zahllosen goldenen Staubbeuteln entfalten. Bevorzugt volle Sonne und durchlässigen Boden. 25 cm. Z5.

RANUNCULUS (Hahnenfuß)

R. constantinopolitanus **'Plenus'**
Nichtinvasive, erlesene Staude für einen konstant feuchten Sonnenplatz; treibt im Frühsommer zahlreiche große, dicht gefüllte, gelb lackierte Blüten mit definierter grüner Mitte. 30 cm. Z6.

Blattschmuckstauden:
Acanthus
Arum
Bergenia
Cynara
Darmera
Gunnera
Heuchera
Hosta
Libertia
Ligularia
Lysichiton
Onopordum
Ophiopogon
Petasites
Rheum
Rodgersia
Sasa
Trifolium
Trillium
Zantedeschia

Links: ***Rhaponticum centaureoides***

Oben: ***Rodgersia pinnata* 'Superba'**
Unten: ***Rheum palmatum* var. *tanguticum***

RHAPONTICUM
(Scharten-Flockenblume)
Heute als *Centaurea centauroides* 'Major' eingeordnete Staude trägt auf kräftigen Stängeln über festem, tief eingeschnittenem silbergrauem Laub große, kugelige Knospen mit dachziegelartig angeordneten, silbrig-durchscheinenden Schuppen, aus denen im Hochsommer alpenveilchenrosa Blüten sprießen. Benötigt Sonne und durchlässigen Boden. 90 cm. Z5.

RHEUM (Rhabarber)
***R. palmatum* (Handlappiger R.)**
Schon im ersten Jahr treibt ein riesiger, jedes Unkraut unterdrückender Horst aus apfelgrünem, meterbreitem Laub. Im Juni erscheinen duftige weiße Blüten in einer großen verzweigten Rispe auf einem kräftigen Blütenstängel. Für frischen bis feuchten Boden in Sonne bis Halbschatten. 200 cm. Z6.
***R. palmatum* 'Atrosanguineum'**
Das zerknautschte Laub treibt rosigpurpurn, um sich später oberseitig dunkelgrün zu färben. Die hohen verzweigten Blütenrispen stehen im Frühsommer voller winziger kirschroter Blüten. Braucht reichlich guten Humus. 200 cm. Z6.
***R. p.* var. *tanguticum* (Kron-R.)**
Noch größere, noch intensiver rosigpurpurne Blätter, darüber im Frühsommer Rispen winziger weißer Blüten. 200 cm. Z6.

RHODANTHEMUM
***R. hosmariense* (Marokkanische Margerite)**
Der niedrige Horst aus fiederspaltigem silbergrauem Laub ist schon im Winter mit Hunderten festen, schwarz gezeichneten Knospen besetzt, die sich an milden Tagen vereinzelt zu großen weißen Margeritenblüten öffnen; der große Auftritt erfolgt im Frühjahr und Frühsommer. Benötigt volle Sonne und durchlässigen Boden. 30 cm. Z7.

RODGERSIA (Schaublatt)
Eine der besten Blattschmuckstauden für sumpfiges Gelände, den Wasserrand sowie kühlen, nicht austrocknenden Boden. Verträgt am feuchten Standort Sonne; im Schatten reicht frischer Boden. Langsam sich ausbreitendes Wurzelrhizom.

Schmetterlingsmagnete:
Achillea
Anaphalis
Armeria
Aster
Ajuga
Calamintha
Echinacea
Echinops
Eupatorium
Hylotelephium
Knautia
Ligularia
Lychnis
Lysimachia
Nepeta
Persicaria
Phuopsis
Scabiosa
Thymus
Verbena

***R. pinnata* 'Superba' (Gefiedertes S.)**
Im Hochsommer öffnen sich rote Knospenperlen zu sterilen, kirschrosa Blüten. 90 cm. Z6.
***R. podophylla* (Gezähntes S.)**
Im Frühling treibt das Laub kräftig dunkelbraun, um im Heranwachsen zu vergrünen, oft mit einem Kupferschimmer. Jedes langgestielte Blatt ist gefingert, jede Blattfieder verbreitert sich gleichmäßig, um in gezackte Spitzen auszulaufen. Blüht rahmweiß. 60 cm. Z5.

ROMNEYA (Strauchmohn)
***R. coulteri* (Kalifornischer S.)**
Der Kalifornische Strauchmohn wächst reich verzweigt mit graugrünem Laub und darüber dicken Knospen, die sich zu riesigen weißen, seidenpapierartigen Blüten mit Unmengen gelber Staubblätter öffnen. Benötigt einen durchlässigen Sonnenplatz. 180 cm und höher. Z8.

RUDBECKIA (Sonnenhut)
***R. fulgida* var. *deamii* (Prärie-S.)**
Die als verbesserte Auslese gehandelte Sorte unterscheidet sich von *R. fulgida* var. *speciosa* durch ihr etwas höheres, raueres Laub. Blüht vom Spätsommer bis in den Herbst. 75 cm. Z4.
***R. f.* var. *speciosa* (Rauhaariger S.)**
Über dem dunkelgrünen Laubbusch stehen große, leuchtendgelbe Blüten mit schwarzer kegelförmiger Mitte. Unübersehbarer Herbstblüher für einen Sonnenplatz mit wasserspeicherndem Boden. 60 cm. Z4.

SALVIA (Salbei)
***S. blancoana* (Niederliegender Spanischer S.)**
Erlesene Art, die als niederliegender Busch mit schmalem silbergrauem Laub wächst. Die Triebe laufen im Sommer in lange aufgebogene, zartfliederblaue Blütenrispen aus. Für Sonne und durchlässigen Boden. 30 cm. Z8.

Oben: ***Rudbeckia fulgida* var. *deamii***
Links: ***Salvia* 'Blue Spire'**

S. 'Blue Spire' (Blauraute)
Bereits die schlanken weißfilzigen Triebe und das fiederschnittige graue Laub der früher als *Perovskia* 'Blue Spire' geführten Staude ziehen alle Blicke auf sich. Im Spätsommer bringen lavendelblaue Blütenrispen zusätzliche Höhe. Benötigt Sonne und durchlässigen Boden. 120 cm. Z6.

S. *nemorosa* (Steppen-S.)
Aus dem sattgrün belaubten Horst treiben im Sommer bis Spätsommer aufrechte Rispen mit intensiv purpur-violetten Blüten über karminroten Tragblättern. Volle Sonne. 90 cm. Z5.

S. *officinalis* 'Icterina' (Echter S.)
Das junge Laub des buntblättrigen Salbeis zeigt sich zartgelb und golden panaschiert. Am schönsten an einem warmen Platz. 60 cm. Z6.

S. *o.* 'Purpurascens' (Purpur-S.)
Im Frühsommer erfreut das Farbenspiel des Purpur-Salbeis ganz besonders, mit blauvioletten Blütenähren über noch jungem, sanft purpur-grauem Laub. Wächst zu einem lockeren Halbstrauch heran, wenn man ihn nicht im Frühjahr stutzt; benötigt Sonne und durchlässigen Boden. 60 cm. Z6.

S. *uliginosa*
Öffnet Ende September lichtblaue Blüten an kopfhohen lockeren Blütenähren. Benötigt einen warmen Sonnenplatz, der nicht austrocknet. Winter lohnt sich ein schützender Mulch. 150 cm. Z7.

SANTOLINA (Heiligenkraut)

S. *rosmarinifolia* subsp. *rosmarinifolia* (Grünes H.)
Ein nicht graulaubiger und dennoch trockenresistenter, adretter runder Halbstrauch. Über dem sattgrünen, ätherisch duftenden Laub stehen im Hochsommer zitronengelbe Blütenknöpfe. 45 cm. Z6.

SASA (Zwergbambus)

S. *veitchii* (Veitchs Z.)
Bodendecker-Bambus mit breit-lanzettlichen Blättern, die den Sommer über gleichmäßig grün sind, um sich im Herbst mit einem strohfarbenen Rand zu schmücken. Braucht viel Platz. 120 cm. Z7.

SAXIFRAGA (Steinbrech)

S. × *urbium* 'Aureopunctata'
Die lebhaft gelb gesprenkelte Form des Porzellanblümchens schmückt sich im Frühsommer mit zartrosa Blütenrispen. Für Halbschatten und frischen Boden. 20 cm. Z7.

SCABIOSA (Skabiose)

S. *caucasica* 'Miss Willmott' (Große S.)
Treibt vom Hochsommer bis zum Frost unermüdlich neue große, rahm- bis grünlich weiße langgestielte Blüten. 75 cm. Z4.

SCROPHULARIA (Braunwurz)

S. *auriculata* 'Variegata' (Wasser-B.)
Buntblättrige spektakuläre Blattschmuckstaude für Sonne bis Halbschatten. Die breiten, runzligen grundständigen Blätter sind kräftig cremefarben gezeichnet, und auch das Laub an den verzweigten Trieben ist bunt. Benötigt nährstoffreichen, feuchten bis nassen Boden. 60 cm. Z5.

Oben: ***Salvia officinalis* 'Icterina'**
Links: ***Salvia* × *superba***

Bienenmagnete:
Allium
Campanula
Dictamnus
Echinacea
Echinops
Eryngium
Eupatorium
Helleborus
Lamium
Lavandula
Ligularia
Nepeta
Onopordum
Origanum
Persicaria
Pulmonaria
Salvia
Scabiosa
Sidalcea
Thymus

SEDUM (Fetthenne)
S. spurium **'Green Mantle' (Kaukasus-F.)**
Bildet mit ihren kriechenden Stängeln und den rosettenartig angeordneten breiten, grünen Blättern eine kompakte Bodendecke. 10–15 cm. Z4.

SEMPERVIVUM (Hauswurz)
Hauswurze gibt es in vielen Arten und Sorten. Manche, handtellergroße sind ein schöner Blickfang für sonnige, durchlässige Bereiche. Andere, winzige fühlen sich in Spalten im Steingarten wohl. Die größeren besitzen meist eine wie gewachste Oberfläche; oft sind ihre Rosetten apfelgrün mit mahagoni-, purpur- oder bronzefarbenen Spitzen. Wieder anders sind die Spinnweb-Hauswurze und kugelig anmutende Arten und Sorten mit bewimperten Blättern. Bis 15 cm. Z5.

SISYRINCHIUM (Grasschwertel)
S. 'Californian Skies'
Laub wie eine winzige Bartiris, darüber große himmelblaue Blüten. Perfekt am Beetrand. Alle paar Jahre teilen, um die Wuchskraft zu erhalten. 15 cm. Z7.
S. 'Quaint and Queer'
Monatelang, vom Hochsommer bis in den Herbst, zeigen sich an den festen, verzweigten, halb niederliegenden Stielen faszinierende creme- und schokoladenfarbene Blütensterne. 40 cm. Z7.
S. striatum **'Aunt May' (Gestreiftes G.)**
Das kräftig hellgelb gestreifte, schwertlilienartige Laub ergänzt die blauen Blüten perfekt. Nach der Teilung leuchten die Laubfarben am intensivsten. 45 cm. Z8.

STIPA (Federgras)
S. gigantea **(Riesen-F.)**
Die herrlichen, an blühenden Hafer erinnernden Federbüsche schimmern und leuchten auf langen Halmen wie aus Gold gehämmert. Langanhaltender Sommerschmuck. Gedeiht auf sonnigem, normalem Boden. 180 cm. Z7.
S. tenuissima, heute ***Nassella tenuissima*** **(Mexikanisches F.)**
Zartes, haarfeines Gras mit silbrig-grünen flauschigen Blütengrannen vom Hochsommer bis in den Herbst für Sonne und durchlässigen Boden. Versamt sich, ohne lästig zu werden. 60 cm. Z7.

SYMPHYTUM (Beinwell)
S. caucasicum **(Kaukasus-B.)**
Erobert dank seiner Wurzelausläufer den Boden mit Büscheln von graugrünem, spitz zulaufendem Laub. Kann sehr invasiv sein, doch wo die Ausbreitung erwünscht ist, sind die überhängenden Triebe mit den himmelblauen Kelchblüten im Frühjahr die reine Freude. Am besten auf frischem Boden in Sonne bis Halbschatten. 60 cm. Z4.
S. grandiflorum **(Kleiner Kaukasus-B.)**
Schöner, Unkraut unterdrückender Bodendecker für frischen Boden im Schatten; verbreitet sich über Wurzelausläufer. Großformatiges, kräftig grünes Laub, über dem sich im Frühjahr aus orangeroten Knospen cremefarbene Blütenglöckchen öffnen. 30 cm. Z5.

Unten: ***Stipa gigantea***
Ganz unten: ***Stipa (Nassella) tenuissima***
Rechte Seite: ***Thalictrum aquilegiifolium***

TELLIMA (Falsche Alraunenwurzel)
***T. grandiflora* Odorata Grp.**
Die Blüten verströmen einen herrlichen, schon aus meterweiter Entfernung wahrnehmbaren Nelkenduft; das Laub ist im Winter blasser als das der folgenden Form. Beide benötigen frischen Boden in Sonne bis Halbschatten. 60 cm. Z6.
***T. grandiflora* Rubra Grp.**
Ganzjähriger Blattschmuck mit runden, gebuchteten Blättern, oberseits grün, unterseits purpurn, die im Winter intensive purpurrote und bronzefarbene Töne annehmen. Öffnet im Frühsommer grüne, rosa gefranste Blütenglöckchen an hohen Stängeln. 60 cm. Z4.

TEUCRIUM (Gamander)
***T. × lucidrys* (Bastard-G.)**
Immergrüne kleine Einfassungspflanze für trockene Böden. Sommerlicher Hummelmagnet mit kleinen, rosa Blüten in kompakten Ähren über glänzendem, dunkelgrünem Laub. 30 cm. Z6.

THALICTRUM (Wiesenraute)
***T. aquilegiifolium* (Akeleiblättrige W.)**
Aus dem grundständigen Horst aus zart gefiedertem blaugrünem Laub streben belaubte, purpurne, schlank verzweigte Stängel in die Höhe, die sich in der ersten Sommerhälfte mit zahlreichen helllilarosa Blütenpinseln schmücken. Mag Sonne und frischen bis feuchten Boden. 90–120 cm. Z4.

THYMUS (Thymian)
T. herba-barona
Drahtiger Teppich mit malvenrosa Blüten, die dunkelgrünen Blättchen mit starkem Kümmelduft. Für Sonne und durchlässigen Boden. 10 cm. Z4.

TIARELLA (Schaumblüte)
Alle Vertreter dieser Gattung benötigen humosen Boden und Halbschatten.
***T. cordifolia* (Wald-S.)**
Verbreitet sich mit Ausläufern; schöner sommergrüner Bodendecker mit zierlichem, spitz-gelapptem grünem Laub, darüber im Frühsommer eine Wolke rahmweißer Blütentrauben auf zahlreichen Stielen. 20–30 cm. Z4.
T. wherryi
Schmückt sich im Sommer ebenfalls mit weißen Blütensternen in zarten Trauben, trägt dazu jedoch grün-samtenes Laub. Monatelang attraktiv. 25 cm. Z3.

TRACHYSTEMON (Rauling)
T. orientalis
Ausgezeichneter Bodendecker für frische Böden in Vollschatten. Das dicht stehende raue, großformatige, gesunde grüne Laub ist ein schöner Hingucker. Blaue Borretsch-Blüten im Frühjahr, bevor das Laub übernimmt. 60 cm. Z6.

TRIFOLIUM (Klee)
***T. repens* 'Purpurascens Quadrifolium' (Weiß-K.)**
Der überwiegend vierblättrige Klee ist ein hübscher, wirkungsvoller kleiner Bodendecker mit schokoladenfarbener Zeichnung für frischen Boden und Sonne. Arttypische weiße Kleeblüten. 10 cm. Z3.

Pflanzen mit attraktiven Samenständen:
Acanthus
Achillea
Agapanthus
Allium
Anaphalis
Asphodelus
Carlina
Chasmanthium
Cynara
Deschampsia
Echinops
Eryngium
Galtonia
Miscanthus
Morina
Nectaroscordum
Panicum
Phlomis
Pennisetum
Stipa

TRILLIUM (Dreizipfellilie)
Trillium benötigt tiefgründigen Laubhumus, ausreichend Regen und einen kühlen Schattenplatz.
T. grandiflorum **(Große D.)**
Trägt große reinweiße Blüten und ist die bekannteste Art. Blüht im Spätfrühling. 30–45 cm. Z5.

TROLLIUS (Trollblume)
T. chinensis **(Chinesische T.)**
Öffnet im Sommer orangefarbene, mit etlichen Staubbeuteln und Honigblättern gefüllte Schalenblüten. 90 cm. Z5.
T. europaeus **(Europäische T.)**
Im Frühsommer öffnet die unvergleichliche heimische Art hoch über dem glänzenden, handförmig geteilten Laub kugelige hellgelbe Blüten. 60 cm. Z5.

TULIPA (Tulpe)
T. sprengeri
Eine sehr späte Wildtulpe mit mattgrünen Knospen auf 40 cm hohen Stielen, die sich Ende Mai zu blutroten, zipfeligen Blüten öffnen. Bei Spezialisten als Zwiebel erhältlich. Z5.

UVULARIA (Goldglocke)
U. perfoliata **(Kleine G.)**
Die mit dem Salomonssiegel verwandte Goldglocke benötigt frischen Laubhumus und Halbschatten. An den übergeneigten Stängeln baumeln hellzitronengelbe Blüten mit langen gezwirbelten Blütenblättern. Langsam kriechendes Rhizom. 30 cm. Z4.

VERATRUM (Germer)
V. album **(Weißer G.)**
Aus Saat gezogene Pflanzen sind nach fünf bis sieben Jahren blühreif. Benötigt konstant frischen bis feuchten Boden in Sonne bis Halbschatten; treibt funkienartiges, hübsch gefälteltes Laub in Büscheln. Im Spätsommer stehen auf dem hohen Blütenstängel kleine weiße, grün überhauchte Scheibenblumen in breiten, verzweigten Rispen. 150–200 cm. Z5.

VERBASCUM (Königskerze)
V. bombyciferum **(Seidenhaar-K.)**
Die Grundrosette aus weißfilzigem Laub kann bei dieser Gigantin fast einen Meter messen. Darüber verzweigt sich in der zweiten Sommerhälfte ein weiß behaarter Stamm zu einem kandelaberartigen Blütenstand mit gelben Blüten. Zweijährig. Für volle Sonne und durchlässigen Boden. Über 180 cm. Z6.
V. chaixii **(Chaix-K.)**
Die mehrjährige Staude öffnet in der zweiten Sommerhälfte dicht gedrängte gelbe oder weiße Blüten mit farbiger Mitte an kaum verzweigten Stängeln. 75 cm. Z5.

VERBENA (Eisenkraut)
V. bonariensis **(Patagonisches E.)**
Für heiße, trocken-durchlässige, sonnige Lagen. Winzige duftende violette Blüten sind auf hohen verzweigten Stängeln zu

Ganz oben links: ***Trollius europaeus***
Ganz oben rechts: ***Tulipa sprengeri***
Oben: ***Veratrum album***

flachen Schirmen versammelt, die über den Beeten schweben. Blüht vom Spätsommer bis weit in den Herbst. 150 cm. Z8.

V. bonariensis **'Lollipop'**
Schöne, niedrigere Auslese. 60 cm. Z8.

VERONICA (Ehrenpreis)

V. teucrium **'Crater Lake Blue' (Großer E.)**
Gute, intensiv blau blühende Randbepflanzung mit kleinen grünen Blättern in niedrigen Tuffs. 30 cm. Z4.

VERONICASTRUM (Arzneiehrenpreis)

V. virginicum **(Virginischer A.)**
Auf aufrechten, mit horizontal abstehenden dunkelgrünen Blattwirteln besetzten Stängeln stehen im Spätsommer dicht mit winzigen rosigen Blüten besetzte Kerzen. 120 cm. Z3.

VINCA (Immergrün)

Alle Formen sind gute Bodendecker.

V. minor **'Alba' (Kleines I.)**
Weiße Blüten über kleinformatigem Laub, das im Frühjahr und Frühsommer hellgrün marmoriert treibt. 20 cm. Z5.

V. minor **'Argenteovariegata'**
Kleiner bleibende, zartblau blühende Pflanze mit weiß panaschiertem Laub. 15 cm. Z5.

V. minor **'Bowles'**
Dichte Bodendecke mit großen blauen Blüten. 20 cm. Z5.

VIOLA (Veilchen)

V. cornuta **Alba Grp. (Horn-V.)**
Von Frühling bis Frühsommer öffnen sich immer neue kreideweiße Blüten, mit einer zweiten Blüte im Herbst. Bevorzugt volle Sonne und frischen Boden. 15 cm. Z6.

V. riviniana **Purpurea Grp. (Hain-V.)**
Trägt zahlreiche hellviolette, duftlose Blüten über dichtem purpurgrünem Laub; verbreitet sich über Ausläufer. 15 cm. Z5.

WALDSTEINIA (Waldsteinie)

W. ternata **(Dreiblättrige W.)**
Schöner, wertvoller dichter Bodendecker, der in Sonne bis Halbschatten auf frischem Boden gedeiht. Gelbe Erdbeerblüten kontrastieren im Frühjahr mit dem glänzend dunkelgrünen, zusammengesetzten immergrünen Laub. 10 cm. Z4.

ZANTEDESCHIA (Kalla)

Z. aethiopica **'Crowborough'**
Bekannte Sorte, die sich zusätzlich zum schönen Laub im Sommer durch ihre Blüten auszeichnet. Mag eine sonnige Sumpfzone oder tiefgründigen, im Sommer feucht gehaltenen Boden, am liebsten jedoch Schlamm. Hierzulande nur als Zimmerpflanze im Verkauf. Winterschutz zwingend. 90 cm. Z8.

ZAUSCHNERIA (Kolibritrompete)

Epilobium canum **(Syn. *Z. cana*)**
Die heute als *Epilopbium canum* eingeordnete *Zauschneria* kommt auch mit größter Trockenheit klar. An den drahtigen, schmal aschgrau belaubten Trieben stehen sommerlang leuchtend blutrote Röhrenblüten. 30 cm. Z8.

E. canum **'Dublin'**
Trägt im Herbst wochenlang blutrote Röhrenblüten. Laub klein und mittelgrün. Für Sonne und durchlässigen Boden. 40 cm. Z8.

Ganz oben: ***Verbascum bombyciferum***
Oben: ***Verbena bonariensis*** **'Lollipop'**
Links: ***Zantedeschia aethiopica*** **'Crowborough'**

Kursiv gedruckte Seitenzahlen beziehen sich auf Abbildungen. Das Pflanzenverzeichnis ab Seite 196 ist alphabetisch nach botanischen Namen geordnet und Einträge dort sind im Folgenden nicht indexiert. Pflanzennamen mit Querverweisen ohne Seitenzahl beziehen sich auf Einträge im Pflanzenverzeichnis.

Bildnachweis

Alle Fotos mit Ausnahme der folgenden stammen von Steven Wooster.

Beth Chatto Education Trust: Seite 9, 26, 43, 136, 145, 171, 199 u.r., 201 o.r., 202 o.r., 203 o.r., 208 o.r., 208 u.r., 209 o.r., 220, 221 o.r., 221 u.l., 234 o.r., 234 Mi.r.

Dank

Der Verlag dankt: Julia Boulton zusammen mit David Ward, Åsa Gregers-Warg und Jacob Pettersson von *Beth Chatto's Plants and Gardens* für ihren jeweiligen Beitrag zu dieser revidierten und aktualisierten Neuausgabe und die verlässliche, geduldige Unterstützung; Anthony Paul, der Beth vor so vielen Jahren die Anregung zum ursprünglichen Buch gab und dieses bis zum Druck begleitete; Steven Wooster für seine wie immer brillanten Fotos, für seinen fotografischen Blick und die Treue, mit der er Beths Garten seit langem dokumentiert; sowie Tony Lord für die Registererstellung und seine akribische Überprüfung der botanischen Nomenklatur.

Großen Dank schulden wir nicht zuletzt Beth Chatto selbst, die sich vor vielen Jahren die Zeit für etliche Interviews nahm, aus denen ersichtlich wurde, was ihre Gärten – und ihre Person – ausmacht. Es war uns ein großes Privileg, auf dieser Grundlage das ursprüngliche Buchmanuskript mit ihr zu erarbeiten; wir können nur hoffen, dass Beths Philosophie und ihre Ideen auch die nachfolgenden Generationen inspirieren werden.

Beth Chatto Gardens

Die Skizze zeigt die Anordnung der einzelnen Abschnitte von Beths Gartenanlage. Wo heute der Kiesgarten ist, befand sich vor vielen Jahren der Eingangsgarten.

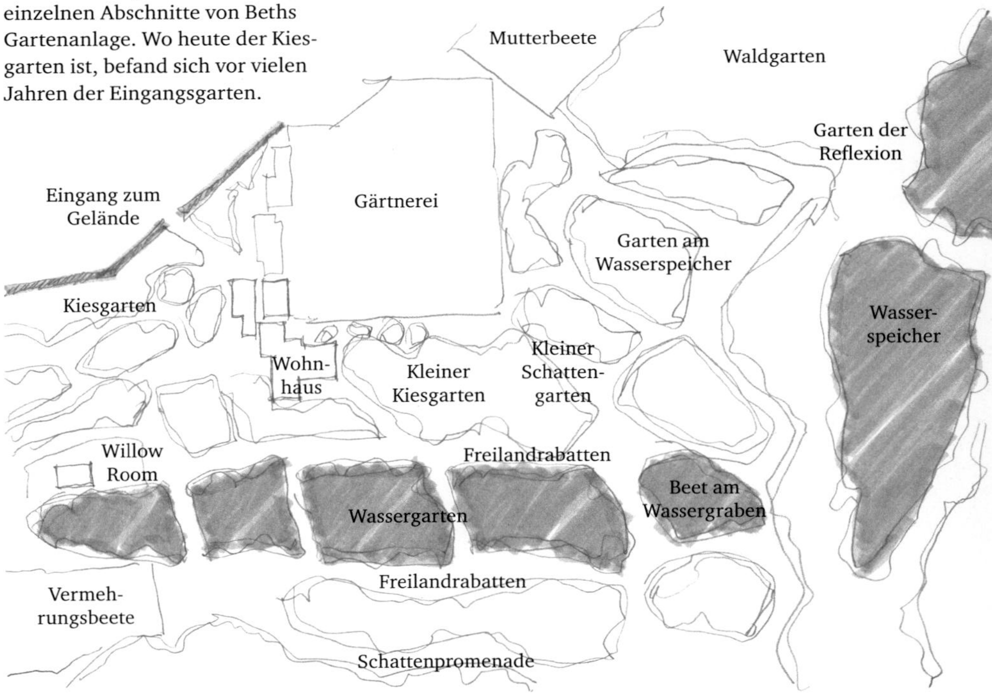